———— 重 新 定 义 思 想 之 美 ————

做人间清醒的自己

九型人格与自我成长

李想 ◎ 著

图书在版编目（CIP）数据

做人间清醒的自己：九型人格与自我成长 / 李想著
. -- 杭州：浙江大学出版社，2024.6
 ISBN 978-7-308-24880-8

Ⅰ．①做… Ⅱ．①李… Ⅲ．①人格心理学－通俗读物
Ⅳ．①B848-49

中国国家版本馆CIP数据核字(2024)第084330号

做人间清醒的自己：九型人格与自我成长
李　想　著

责任编辑	吴沈涛
责任校对	陈　欣
责任印制	范洪法
封面设计	仙境设计
出版发行	浙江大学出版社
	（杭州市天目山路148号　邮政编码　310007）
	（网址：http://www.zjupress.com）
排　　版	杭州林智广告有限公司
印　　刷	杭州钱江彩色印务有限公司
开　　本	880mm×1230mm　1/32
印　　张	6.5
字　　数	90千
版 印 次	2024年6月第1版　2024年6月第1次印刷
书　　号	ISBN 978-7-308-24880-8
定　　价	59.00元

版权所有　侵权必究　　印装差错　负责调换

浙江大学出版社市场运营中心联系方式：0571-88925591；http://zjdxcbs.tmall.com

PREFACE

推荐序

一部真正的九型人格实用手册

李想的书读起来非常轻松愉快。我们大部分人是通过参加培训和阅读书籍来学习九型人格理论的。唐·理查德·里索、拉斯·赫德森、克劳迪奥·纳兰霍、杰罗姆·瓦格纳等人的书籍内容艰涩而深奥，适合专业人士阅读。李想的书则更侧重于分享故事、应用原则和方法，旨在引导我们找到心中的力量，并积极发展自己的独特性格，从而帮助我们探索自己在工作、情感和投资等方面的最优解。

在本书中，李想运用通俗易懂的语言阐述了九型人格理论的相关知识，指导读者在不同的领域发现真实的自己，书中包含的信息可谓恰到好处，既简明易懂，又不乏深邃的思想！正因如此，本书是一本适合所有人阅读的理想图书。对于不熟悉九型人格理论的人来说，本书将为您提供一种独特的学习方式；对于已经对九型人格理论有所了解的人来说，您将通过本书了解到一些您可能还不知道的九型人格理论应用知识。

　　几年前我第一次见到李想时，她就给我留下了深刻的印象。她聪明、时髦、直率，并且专注于九型人格研究与教学。事实上，我们大多数人了解的九型人格理论只是由奥斯卡·依察诺传达给克劳迪奥·纳兰霍、唐·理查德·里索等人的"遗产"的一部分，而李想的这本书，不仅是对这种"遗产"的一种积极继承，也是对九型人格理论的一种别出心裁的传播与思考。在本书中，我们可以看到很多贴近我们生活实际的应用方法。这真是一本应该放在每个人书架上的书！

熊淑宜（Gloria Hung）

国际九型人格协会中国分会主席

FOREWORD

自 序
做自己生命的主导者

从 2006 年开始,一晃将近二十年过去了。那个凭借一腔孤勇踏入教育培训界的我,最初觉得九型人格理论是入世良方,恨不得逢人就说,中间经历过犹疑、妄自菲薄,却总是云淡风轻、故作超然地在课上说"九型人格理论是有用的,也是有限的,学习的方法千万种,条条大路通罗马,大家各看缘分",到如今,走过"不惑",即将迈入"知天命"阶段,终于开始坚定地说:九型人格理论既是入世良方,也是出世之法。

掌握九型人格理论,对我们的成长、生活等各方面都有不小的帮助。

从个人成长的视角来看,九型人格理论可以让我们看到自己的欲望、执念和恐惧。一旦你了解了自己的性格特点,你就有机会更早地实现生命的自由与富足。

从实际应用的视角来看，九型人格理论能够让我们了解自己、洞察他人，在家庭、职场、婚姻等方面，给予我们非常大的帮助。

深者得其深，浅者得其浅，性格解万物。人生的困苦无非想不通，过不去，做不到。

假如你的人生阅历尚浅，那么通过阅读本书，你将了解与九型人格理论有关的知识，探索自己的内心，了解身边的人。当你明白了人各有志，多了些包容与体谅，懂得了和而不同的相处之道，那么你在家庭、职场和婚姻中就会少走很多弯路。你会懂得，大千世界，人生百态，性格各异本就是常态，遇困苦之境，首先应力求头脑想通，只有头脑想通之后，你才能做到不哀怨、不抱怨。

假如你对自己的性格已经有所了解，但依旧面临性格问题所带来的困扰，那就让我们一起在学习九型人格理论的过程中找寻自我，在商场、职场、情场中找到自己人生的定位吧！

假如你已经走在寻找真我的路上，头脑想得通，情绪也相对稳定，只是行动相对迟缓，那就让我们携手前行，找到志同道合之人，选择一个适合自己的学习与成长之法。

九型人格理论能让我们在看清了性格和人生的真相后，依然勇敢生活。清醒不沉迷，抽离又投入。你会了然，人生的起起落落，如潮来潮往。若遇困苦之境，就让自己的情绪"流动"起来，不执着，不僵化。真正的生命主导者在看清生活的真相后，依然热爱生活。

让我们一起出发，做人间清醒的自己，真正成为自己生命的主导者吧！

目 录

CONTENTS

第一部分 认知篇

第一章 进入了解自我的新天地 / 003

什么是九型人格？ / 003

性格的形成与来源 / 005

你的性格"按钮"是什么？ / 007

抓住你的性格主线 / 011

3 分钟快速自我测试 / 013

你的性格"健康"吗？ / 015

第二章 九种不同的忙格，你是哪一种？ / 022

一号完美型 / 023

二号助人型 / 030

三号成就型 / 036

四号自我型 / 044

五号思想型 / 051

六号忠诚型 / 056

七号快乐型 / 062

　　　　八号控制型 / 068

　　　　九号和平型 / 074

第三章　看清幻象，拥抱富足 / 080

　　　　看穿性格的诡计 / 081

　　　　委曲求全？NO！ / 083

　　　　追寻生命的全面富足 / 087

第二部分　实践篇

第四章　清醒的金钱观 / 093

　　　　关于消费观念冲突的三个故事 / 094

　　　　不同性格类型的消费观念 / 097

　　　　如何更好地管理自己的财富 / 106

第五章　清醒的事业观 / 125

　　　　找到适合自己的工作 / 126

　　　　如何赢得不同性格类型领导的赏识？ / 130

　　　　领导智慧：怎样激发下属的工作潜力？ / 141

　　　　如何与不同性格类型的同事搞好关系？ / 160

第六章　清醒的婚恋观 / 164

"我爱你"不止一种形式 / 165

生活中常见的亲密关系组合 / 170

如何选择你的人生伴侣 / 174

好的婚姻需要经营 / 176

有效应对冲突的方法 / 180

第七章　英雄之旅："人间清醒"实践指引 / 182

九个月，发掘内在潜能 / 183

不可思议的旅程 / 185

跋　一切归于清醒 / 190

第一部分

认知篇

当一个人不了解自己性格的时候,其就有可能成为性格的傀儡。

如何摆脱被性格操控的困境?通过九型人格,我们将看到大量关于性格的探索与专业研究。九型人格为我们追寻自我提供了正确方向。让我们一起推开九型人格的学习大门,进入了解自我及他人的新天地。

第一章

进入了解自我的新天地

什么是九型人格？

九型人格既是一个性格分类系统，也是一种对人的性格进行深层次研究的方法和学问。关于九型人格的起源，虽然有多种不同的说法，但这些说法的真实性现在都无法考证。

九型人格能使人们发现自己及他人的天赋和短板，为人们提供清晰的觉察路径与自我超越的方向，一度风靡西方世界。九型人格将人分为九种性格类型,分别是:完美型、助人型、成就型、自我型、思想型、忠诚型、快乐型、控制型、和平型。九种性格类型与序号的对应关系如图 1-1 所示。

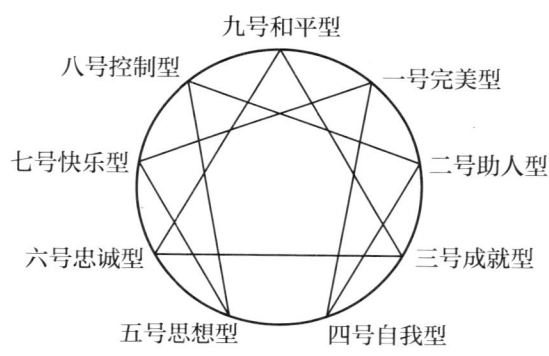

图 1-1 九种性格类型与序号的对应关系

图 1-1 所展示的结构其实很简单:在一个圆的圆周上分布九个点,每个点代表一种性格类型。借助九型人格,人们能够透过表面的喜怒哀乐,发现自身的核心需求,并洞察身边人的真实想法,从而有效地进行自我调节,改善与他人的关系,提升自身的幸福感和成就感。

如今,九型人格已成为斯坦福大学商学院的必修课程,并在美国中央情报局等政府机构,以及美国电话电报公司、苹果、惠普、可口可乐、诺基亚、宝洁等世界500强企业的管理培训中得到广泛应用。在商业领域,九型人格也可以作为强有力的人力资源管理工具,帮助企业提升员工的协作能力和工作效率,进而提升企业的核心竞争力,使企业获得持续发展的动力!

性格的形成与来源

中国有句古话:"三岁看大,七岁看老。"我观察自己的两个孩子的成长历程,发现两个孩子在很小的时候就显露出一部分性格特质。比如:我的儿子在三岁时就已经会扯着我的衣角唱"你是我的玫瑰,你是我的花",初露文艺男潜质,长大后确实也成了一个痴迷吉他演奏的文艺男青年;我五岁的小女儿则喜欢拿着胶枪修玩具,初露理工女的特质。

孩子的性格特质从何而来?根据传统心理学的相关理

论，人们普遍认为孩子的性格特质与父母的遗传和教育有关。比如我在课堂上经常看到这样的情况：孩子的性格特质和其父母的性格特质极其相似，如同复制粘贴一样。但与此同时，我也观察到了一些正好相反的情况，比如我曾见过一个性格类型为八号控制型的父亲和一个性格类型为九号和平型的儿子。我清楚地记得在某次课堂上，那个父亲指着自己的儿子，拍着桌子大声质问："我这样一个铮铮铁骨的汉子怎么会有你这么懦弱的儿子？"班里的同学看着两人哄堂大笑：父子俩五官相似，年近六旬的老父亲怒发冲冠，而三十岁的儿子却一脸平和。课后，我和这对父子中的儿子进行了沟通交流，他的一段话让我印象深刻："从小到大，不管大事小事，父亲总是动辄发火，轻则骂，重则打，所以我从小就学会了小心翼翼，后来慢慢也就成了习惯，不管老爹说啥，我总是能做到左耳进，右耳出，万事不留心。"此外，我也发现在现实生活中存在兄弟姐妹性格迥异的情况，可谓"一母生九子，九子各不同"，这真是一件让人感到神奇的事情！

然而，探究性格的来源并非我们的根本目的，相比性格的来源是什么，我们更想知道的是性格会对我们的一生产生多大的影响。

你的性格"按钮"是什么？

每个人的生命都有一个"按钮"，控制着人的核心欲望和核心恐惧。当被外界刺激的时候，这个"按钮"就会被按下，人的核心欲望和核心恐惧便会被激发，就像膝跳反射一样，人在刺激下会产生各种反应，或叫或跳，或哭或笑。

当一个人不了解自己性格的时候，其就会像一个提线木偶，被自己的性格所操控。比如对于一个把权力作为追求目标的人来说，权力就是他的"按钮"。如果我们想让他高兴，只需要给他权力就可以了；如果我们想让他痛苦，那也只需要剥夺他的权力。这也就意味着，一个人的喜怒哀乐完全有可能被他人所操控。

又比如，对于一个八号控制型人而言，控制就是他的"按钮"。我们可以设想这样一个场景：一个八号控制型男士的妻子打扮得很漂亮，打算出门，这时这个八号控制型男士问他的妻子要去干什么。如果他的妻子想让他高兴，只需要详细说明情况就行了，比如要去见谁，大约几点回家，等等；如果他的妻子想让他痛苦，就只需要说一句"关你什么事"，此时这个八号控制型男士就很有可能被激怒。

再比如，一个想要获得他人认可的人，即我们经常说的三号成就型人，他追求的就是被表扬，得到别人的认可。如果你想让他高兴，就表扬他，夸他工作有能力、外貌出众、孩子优秀等等。总之，你表扬他，他就高兴。如果你想让他痛苦，那就批评他，尤其是在公众场合批评他，他的情绪就有可能会非常低落。

每个人都会有一个特别敏感、特别容易被刺激的部分。当一个人不了解自己性格的时候，其就有可能成为自己性格的傀儡。而一个人一旦了解了自己的性格，其就有可能扬长避短，在日常生活和人际交往中发挥自己性格的长处，同时尽量避免性格带来的负面影响。

以一名八号控制型领导为例。当他意识到自己是八号控制型人后，他就会改变自己的性格吗？并不会。曾经有一名八号控制型学员问我："老师，我学九型人格，知道自己的性格类型之后，我就会变得比较温柔，不再骂人了吗？"我明确告诉这名学员，并不会。对于八号控制型人来说，他们的领导风格特别明显，就是比较强势。

很多八号控制型领导在与下属产生意见分歧的时候，经常会对下属说"你给我滚"之类的比较情绪化的语言，其实很多时候，这可能并不是他们的本意。可下属被骂后，很有可能会离开公司，成为他们强有力的竞争对手。

然而，如果八号控制型领导了解九型人格的相关知识，那么他们就有机会认识到自己性格方面的问题，提前采取相应的措施以减少自己性格所带来的负面影响。以前面谈到的八号控制型领导为例，当他意识到某个重要的下属对他而言不可或缺，而他又担心自己会犯错误把人赶走时，他就可以选择在自己情绪较为平和的时候，请那个重要的下属吃饭，对下属说："自公司成立以来，你就跟着我，这家公司有我就有你，但我这人的脾气不是很好，有时候会骂人,下次我骂你的时候,你多担待,对我说的话不要在意。"当八号控制型领导这样做之后,那个下属在下次被骂后离开公司的概率可能就降低了,这就在一定程度上帮助八号控制型领导避免了公司的人才流失。

再以一些婚恋中常见的情况为例。在恋爱交往中,有些女性经常会把分手挂在嘴边,虽然这可能并不是她们的本意。比如有些女性在跟恋人提了分手之后,对方可能就信以为真,真的离开了,这就是非常失败的沟通。所以,当你对自己的性格有所觉察的时候,你就有机会扬长避短,规避损失,把那些对你很重要、你不想失去的东西保护好,避免因为自己的性格,造成一些无法挽回的损失。

总结一下,当你了解了自己的性格之后,并不意味着你可以改变你的性格,而是意味着你可以针对你的性格特点,抓大放小,尽可能减少性格带来的负面影响。例如,对于八号控制型男士来说,他们只需要控制那些特别重大的事项即可,比如公司的重大决策、家里的重大开销等等,而其他无关紧要的小事,他们都可以选择放手。又比如，对于三号成就型人来说，他们只需要追求在生活和事业上取得重大成就时获得别人的认可和表扬就可以了，而不必在意生活中的每件小事，时时刻刻期待别人的赞许……当一个人懂得抓大放小的时候，他就会发现自己的生活正在不断走向自由。这其实就是一个人不断成长，走向自由和开悟的过程。

抓住你的性格主线

九型人格与其他性格分类法最大的不同之处在于，其不受外在行为变化的影响，反映的是人们内在最深层的核心价值观和注意力焦点。

什么是核心价值观和注意力焦点？

比如，一个一号完美型人的核心价值观一般为：我力求事事正确，总是不断纠正自己和他人的错误，希望大家共同进步！其注意力焦点为：哪里不完美？哪里出了错？追求事事正确、总是想着如何让事情变得更完美就是一号完美型人的核心价值观和注意力焦点，而这，也可以称为一号完美型人的性格主线。

　　读者在学习九型人格的过程中一定要记住自己的性格主线，也就是抓住你的核心价值观和注意力焦点。只有这样，你才能精准定位你的性格类型。很多人在用九型人格判断自己的性格类型的时候，会觉得自己又像二号助人型，又像八号控制型，之所以会出现这种情况，主要是因为没有抓住自己的性格主线。比如，每个人都有一定的控制欲，但这并不意味着每个人都是八号控制型人，因为控制他人与事物可能在我们的生命中并不是最重要的。以我个人为例，对我来说，忠于自我、跟着内心的感觉走是最重要的，而不是执着于控制他人与事物，所以我是四号自我型人，而不是八号控制型人。又比如，某人某天捐了款、扶一位老奶奶过马路，这就能说明其是二号助人型人了吗？谁都有可能偶尔做件好事，因此，如果善意的行为只是某人的一种偶发性行为，那我们就不能因为这些偶发性行为就直接判定某人是二号助人型人。

　　到此，想必大家已经明白了，九型人格是按照我们的核心价值观和注意力焦点而非外在行为来进行分类的。因此，只有抓住性格主线，也就是抓住核心价值观和注意力焦点，才能精准定位性格类型。

3 分钟快速自我测试

接下来，我们来做两道非常重要的测试题。第一道测试题主要通过你的决策习惯来判断你的性格类型范围。请你仔细回想你做人生重大决策时的场景，如果你在做人生重大决策时，主要依靠头脑的分析，相信理性和数据，那么你就在自己的本子上写下五、六、七，以分别代表五号思想型、六号忠诚型和七号快乐型；如果你在做人生重大决策时主要依靠情绪和感觉，感性，跟着感觉走，那么你就在本子上写下二、三、四，以分别代表二号助人型、三号成就型和四号自我型；如果你在做重大决策时主要依靠本能和直觉，那么你就在本子上写下八、九、一，以分别代表八号控制型、九号和平型和一号完美型。

第二道测试题则主要观察你的人际关系应对方式,即你在面对与他人的冲突与矛盾时,你会习惯于用什么方式来应对。不妨思考一下,在以下三种描述中,哪种更符合你在人际关系中的应对方式?第一种方式是权衡、纠结,思考自己怎样做,能够使各方都满意;第二种方式是以自我为中心,与人对抗;第三种方式是回避矛盾与冲突,保护自己,既不激化矛盾与冲突,也不解决问题。选择第一种方式的读者可以在自己的本子上写下一、二、六,以分别代表一号完美型、二号助人型和六号忠诚型;选择第二种方式的读者可以在自己的本子上写下三、七、八,以分别代表三号成就型、七号快乐型和八号控制型;选择第三种方式的读者可以在自己的本子上写下四、五、九,以分别代表四号自我型、五号思想型和九号和平型。

做完这两道题后,你大概率就能知道你在九型人格中对应的性格型号了。例如你通过第一题在本子上写下了五、六、七,第二题你写了三、七、八,重叠的数字是七,那么你的性格类型很可能就是七号快乐型。

当然，关于性格类型的确定，这两道测试题的测试结果仅仅是一个初步参考。如果想做专业测试，读者可以通过网络等途径，寻找专业的测试题来进行测试。

你的性格"健康"吗？

九型人格大师唐·理查德·里索和拉斯·赫德森为九型人格的发展作出了巨大的贡献，他们给每一种性格类型列出了九个发展层级和三种状态。

在唐·理查德·里索和拉斯·赫德森的理论中，每一种性格类型被分为九个发展层级，这九个发展层级又被划分为三种状态，第一层级、第二层级和第三层级属于健康状态，第四层级、第五层级和第六层级属于一般状态，第七层级、第八层级和第九层级属于不健康状态。从第一层级到第九层级，越接近前者，你便离自由越近。

表 1-1 至表 1-9 是唐·理查德·里索和拉斯·赫德森关于九种性格类型的九个发展层级的概括性描述，这些概括

性描述能够帮助读者了解各个发展层级的具体表现，有意识地避开不健康状态。

表1-1 一号完美型的九个发展层级

层级	描述	特征
第一层级	睿智的现实主义者	智慧
第二层级	理性的人	责任心
第三层级	讲求原则的导师	尽责
第四层级	理想主义的改革者	理想主义
第五层级	讲求秩序的人	僵化
第六层级	好评判的完美主义者	完美主义
第七层级	偏狭的愤世嫉俗者	不容异己
第八层级	强迫性的伪君子	妄想
第九层级	残酷的报复者	惩罚

表1-2 二号助人型的九个发展层级

层级	描述	特征
第一层级	不求回报的利他主义者	无条件的爱
第二层级	关怀者	同情
第三层级	扶持性的助人者	慷慨
第四层级	热情洋溢的朋友	取悦别人
第五层级	占有性的密友	干涉

续表

层级	描述	特征
第六层级	自负的"圣徒"	自我牺牲
第七层级	自我欺骗的操纵者	操纵
第八层级	高压性的支配者	强迫
第九层级	身心疾病的受害者	感觉被牺牲

表1-3 三号成就型的九个发展层级

层级	描述	特征
第一层级	真诚的人	有主见
第二层级	自信的人	适应力强
第三层级	杰出的典范	有抱负
第四层级	有好胜心的成就者	表演
第五层级	以貌取人的实用主义者	注重形象
第六层级	自我推销的自恋者	好胜
第七层级	不诚实的投机分子	欺骗
第八层级	恶意的欺骗者	机会主义
第九层级	怀有报复心理的变态狂	报复

表1-4 四号自我型的九个发展层级

层级	描述	特征
第一层级	富有灵感的创造者	热爱生活
第二层级	自省的直觉	敏感
第三层级	自我表露的个体	有创造力
第四层级	富有想象力的唯美主义者	幻想
第五层级	自我陶醉的浪漫主义者	喜怒无常
第六层级	自我放纵的"例外"	任性
第七层级	自我疏离的抑郁症患者	孤独
第八层级	饱受情感折磨的人	充满愤恨
第九层级	自我毁灭的人	自我毁灭

表1-5 五号思想型的九个发展层级

层级	描述	特征
第一层级	开先河的幻想家	有理解力
第二层级	感知性的观察者	有好奇心
第三层级	专注的创新者	有创新能力
第四层级	勤奋的专家	概念化
第五层级	狂热的理论家	心不在焉
第六层级	挑衅的愤世嫉俗者	挑衅
第七层级	孤独的虚无主义者	虚无主义

续表

层级	描述	特征
第八层级	可怕的"外星人"	神经错乱
第九层级	发作的精神分裂症患者	破灭

表1-6 六号忠诚型的九个发展层级

层级	描述	特征
第一层级	勇敢的英雄	自主
第二层级	迷人的朋友	魅力
第三层级	忠实的伙伴	合作
第四层级	尽职尽责的忠诚者	自我怀疑
第五层级	矛盾的悲观主义者	防御性
第六层级	独裁的反叛者	指责
第七层级	过度反应的依赖者	自卑
第八层级	妄想性的歇斯底里患者	妄想
第九层级	自残的受虐狂	受虐狂

表1-7 七号快乐型的九个发展层级

层级	描述	特征
第一层级	入迷的鉴赏家	感激
第二层级	热情洋溢的乐天派	热情

续表

层级	描述	特征
第三层级	多才多艺的全才	富有生产力
第四层级	经验丰富的鉴赏家	贪婪
第五层级	过于活跃外倾的人	冲动
第六层级	过度的享乐主义者	过度
第七层级	冲动的逃避主义者	放荡
第八层级	疯狂的强迫性的人	无节制
第九层级	惊慌失措的歇斯底里患者	歇斯底里

表 1-8　八号控制型的九个发展层级

层级	描述	特征
第一层级	宽怀大度的人	同情
第二层级	自信的人	力量
第三层级	建设性的挑战者	保护性
第四层级	实干的冒险家	自负
第五层级	执掌实权的捐客	强硬
第六层级	强硬的人	好战
第七层级	亡命之徒	残忍
第八层级	万能的自大狂	狂怒
第九层级	暴力破坏者	毁灭

表1-9 九号和平型的九个发展层级

层级	描述	特征
第一层级	有自制力的楷模	自律
第二层级	有感受力的人	无私
第三层级	有力的和平缔造者	接受
第四层级	迁就的角色扮演者	谦让
第五层级	置身事外的人	被动
第六层级	隐修的宿命论者	宿命论
第七层级	拒不承认现实、逆来顺受的人	忽视一切
第八层级	抽离的机器人	脱离现实
第九层级	自暴自弃的幽灵	自暴自弃

表1-1至表1-9中的内容主要出自唐·理查德·里索和拉斯·赫德森合著的《九型人格2：发现你的人格类型》，感兴趣的读者可以通过查阅图书的方式进行深入了解。

第二章

九种不同的性格,你是哪一种?

本章,我将利用九个故事,揭示九种性格类型在日常生活中的典型表现形式,并从核心欲望、核心恐惧、在顺境中的表现、在逆境中的表现、人际交往、沟通方式、口头禅等方面,针对每种性格类型给出总结性描述和相关建议。

一号完美型

小伊今年34岁,是一家中德合资公司的新晋财务总监。最近,小伊的心情可谓悲喜交集:本来自己晋升为财务总监是好事,可前几天她开除了一个迟到五分钟又不肯认错的新员工,对于这件事,同事们在背后议论纷纷,认为她小题大做。此外,她又因为不认可公司新来的销售总监的预算报告,被总经理批评情商低,并被要求在今后的工作中注意协调人际关系。除了工作,在家里,前两天她的丈夫又因为她不允许他把脚放到茶几上看世界杯摔门而去。真是屋漏偏逢连夜雨。

因此,这段时间小伊每晚都睡不好觉,胃也隐隐作痛。她知道发火对身体不好,可是心里有火发不出,很不好受,因此她整天板着一张脸,显得非常严肃,办公室的气氛也因此变得紧张起来。

从小到大,小伊都是一个追求完美的人。小时候,小伊妈妈对小伊的要求很严格,尤其是在保持生活环境的整洁上,妈妈对她的要求近乎严苛:不可以乱放东西,东西从哪里拿就要放回到哪里去，拖鞋要放在指定的位置，遥控器也要放进方筐里，等等。在这样的要求下，小伊的自律性很强，但这也导致她如今也用这样的标准去要求身边的人。这么多年来，小伊在职场的每一次进步，都是因为追求完美和坚持原则，包括这次晋升为财务总监，上级明确向她表示，之所以让她晋升为财务总监，是因为欣赏她的专业、严谨、认真、高标准和原则性强。当年在恋爱时，小伊的丈夫也说过，他最欣赏的就是她的性格优点，认真、不流俗、坚持原则。追求完美一直是小伊的人生信条，但最近接二连三发生的事却让小伊感觉很困惑：追求完美，难道错了吗？

首先是新员工迟到的事。对于小伊开除新员工的做法，有相熟的同事私下告诉她，大家之所以对她议论纷纷，主要是觉得她仅仅因为迟到就开除新员工太过分了，如果是新员工提供的财务数据出了问题，那么采取开除的做法倒是在情理之中。但在小伊的认知里，一名财务人员最基本的素质就是严谨，作为一名财务人员，准时上班是应该的。小伊特别讨厌那些不遵守规则的人，她觉得堵车、闹铃没响，都是借口，归根结底就是缺乏责任心。况且，一名财务人员连最基本的时间观念都没有，怎么能让人信服呢？

另外，小伊听说开除这个新员工的做法之所以引起如此大的动静，很大程度上是因为这个新员工是公司某高层推荐来的。可是小伊觉得，那又如何呢？她只对事不对人。在小伊看来，这个新员工不仅连最基本的时间观念都没有，而且还不觉得自己错了，这才触碰到了她的底线。从小到大，小伊都按照规则办事，在工作中更是如此。比如，每天早晨八点半，小伊都会穿着被同事调侃千年不变的黑白套裙、方跟鞋，准时出现在公司，这是她在任职财务经理时就养成的习惯。所以，小伊不太理解那些不遵守规则的现象。

其次是职场人际关系。小伊的工作能力特别强，然而一涉及办公室政治，就碰到大问题了。公司从外面新挖来的销售总监是她的高中同学，两人在高中时的关系说不上有多好，但也不算坏。对方第一次来向小伊申报预算的时候，仗着总经理的器重，想让小伊给他"开个绿灯"。小伊听了之后很愤怒，她认为销售总监申报的预算严重超标，于是直接驳回了对方的预算。结果销售总监很生气，直接到总经理那里告状。总经理找两人谈话，一方面让销售总监重新做预算，另一方面也劝小伊注意沟通方式，注意处理问题的灵活性。小伊觉得总经理话里有话，既难受也委屈。小伊疑惑，自己对违规操作没有办法视而不见，这难道也错了吗？

最后则是婚恋关系了。实际上，小伊也不知道与丈夫的关系为什么会变成现在这个样子，更不知该从何说起。上大学时，刚一入学她就被当时的学长也就是现在的丈夫追求，毕业后两人便组建了家庭。用小伊丈夫的话说，在大学时，小伊是个长相不错但不自以为是天仙的人。小伊确实算是个美女，皮肤白皙，身材苗条，这主要归功于小伊良好的饮食与生活习惯。但小伊平常不太喜欢笑，有点儿严肃，同时因为经常皱眉，额头有川字纹。不只在职场，在婚姻生活中小伊也保持着不苟言笑、追求完美的作风。婚后，小伊发现她丈夫的生活习惯和她存在着巨大的差异：进门乱扔鞋子，外套不脱就往床上坐，手没有洗就去拿水杯喝水,把脚放到茶几上玩手机、看电视……于是,夫妻俩三天一小吵,五天一大吵。最近,小伊丈夫晚上回家的时间越来越晚,这次更是因为看世界杯的事情摔门而出,住在酒店,一周没有回家了。

这接二连三的事情既让小伊感觉很愤怒,又让她感到很无力,她不知道自己到底错在了哪里。

实际上,小伊是典型的一号完美型人。通过以上故事,读者应该能大致看出小伊的性格特点。此外,我为读者整理了一号完美型人的主要特征,如表2-1所示,供读者参考。

表2-1 一号完美型人的主要特征

维度	特征
核心欲望	渴望通过达到自己设定的高标准来获得内心的平静和满足感,以及被他人认可和尊重。
核心恐惧	害怕自己无法达到自己设定的高标准,以及被他人认为是不完美或有缺陷的人。
在顺境中的表现	①严谨、有条理、高效; ②以较高的标准要求自己和他人; ③希望一切都按照计划进行。

续表

维度	特征
在逆境中的表现	①过度强调完美，担心失败； ②容易焦虑，倾向于自我批评； ③变得固执和倔强。
人际交往	①倾向于隐藏自己的情感，压抑自己的情绪； ②与他人保持一定的距离，以避免暴露自己的弱点； ③在人际交往中扮演指导者或者领导者的角色，希望他人能够按照自己的方式做事； ④希望他人能够认可自己的努力和成就，并对自己的观点和建议给予重视； ⑤可能会过分挑剔他人的行为和言语，在与他人交往时显得苛刻和严厉。
沟通方式	①倾向于用清晰明了的语言表达自己的想法和观点，尽量避免含糊不清或者模棱两可的表达，以确保他人能够准确理解自己的意图； ②讲话直接，会直截了当地表达自己的意见和建议，不喜欢绕弯子； ③倾向于以理性客观的方式与他人进行沟通，重视事实和数据，而不太喜欢情绪化或主观性太强的表达； ④喜欢重复，多次强调相同的信息； ⑤缺乏幽默感。

续表

维度	特征
口头禅	① "一切都必须完美无缺。" ② "我必须尽力而为,不容许任何错误。" ③ "我需要对自己和他人有更高的期望。"

结合小伊的故事以及一号完美型人的主要特征,我们可以看到,一号完美型人通常追求完美,然而,这种追求完美可能会导致一些问题。以下是一号完美型人需要注意的问题以及相应的建议。

第一,对他人的过高期待。一号完美型人可能对他人的行为有过高的期待,他们希望别人也像他们一样追求完美。建议一号完美型人尊重他人的个性和特点,理解并接受他人的不完美。学会放下对他人的过高期待,给予他人更多的包容和理解。

第二,压力过大。一号完美型人常常承受着巨大的压力,因为他们不仅要求自己做到最好,还要求周围的人也做到最好。建议一号完美型人学会放松,接受自己和他人的不完美。适当减轻自己的压力，学会放慢脚步，享受生活中的美好。

二号助人型

小艾今年29岁，是一个圆脸、笑起来眼睛弯弯、说话声音很甜的女生，"含糖量"极高。再加上小艾热心友善，所以小艾在公司里的人缘很好，大家有事都喜欢找她，她也总是有求必应，不论公事私事，她都极少拒绝，甚至好几次因为帮同事的忙而耽误了自己的工作。为此，小艾还挨过领导的批评，可是小艾认为同事之间就应该互相帮助。时间长了，公司里的人都称小艾为"爱心大姐"。

凭着甜美的嗓音和热心肠，小艾进公司第一年就被评为"服务明星"。公司里上上下下的人都喜欢小艾，小艾也特别享受这种被众人喜欢的感觉。可是五年过去了，比小艾晚两年进公司的员工都成了客服总监，而小艾还只是个客服经理,小艾感到有些沮丧。总经理也看出了小艾的情绪变化,于是专门找了她谈话。总经理先是肯定了小艾的工作和贡献,说她热心、细致,特别容易发现别人的需求,总是把客户的需要摆在第一位。但是紧接着,总经理委婉地说出了没有选小艾当客服总监的原因:一是小艾原则性不强,不懂拒绝,对客户的要求总是尽力满足,有时没有考虑到公司利益;二是对于同事们的要求,小艾也总是有求必应,担心她升职后把握不好原则;三是小艾跟个别同事的私交特别好,给人一种小团体的感觉,不利于部门的健康发展。

一番对话下来,小艾感觉透心凉,就像被一瓢凉水从头浇到了脚。这让小艾第一次对自出生以来近三十年的人生进行了认真思考。小艾从小就被妈妈教导好人有好报,每次她给家里人或别人帮忙时,妈妈就会表扬她。上学期间,小艾一直都是乖孩子,乐于助人,常常被评为"学雷锋标兵"。不管和谁在一起,小艾总是非常敏感,很容易发现别人的需要。当每次帮助别人,听到大家感谢她时,小艾就觉得特别有成就感。

这次刚过完29岁生日，小艾第一次发现自己的人生进入了一个尴尬的状态。工作进入了瓶颈期，升职落空，生活也不如意。

毕业以来一直和小艾租住在一起的弟弟，因为交了女友执意要搬出去住。小艾觉得弟弟的女友可以搬过来一起住，但弟弟的女友坚决不同意。为此，弟弟也和小艾发生了争执，执意搬出去，小艾觉得很伤心。

小艾自己的恋爱也一直磕磕绊绊的。大学时交了个男友，在一起四年，小艾掏心掏肺，洗衣、做饭，水果都切成小块扎上牙签拿给对方，无微不至地照顾对方，可到了最后，对方却执意要和她分手。小艾不明白为什么，然而对方给出的理由竟然是小艾对他太好了，他实在承受不了，感觉很累。毕业后，小艾谈过两个男朋友，每次她都如飞蛾扑火，爱得卑微而辛苦，但两段恋情最后都无疾而终。现在工作失意，弟弟也离开她，小艾第一次觉得心里特别委屈。

对于小艾而言，满足别人的需要已经是一种习惯。这种习惯在恋爱过程中表现得尤为明显。小艾一旦对一个男生有好感，就竭尽所能地照顾对方：给对方做好吃的，自己节衣缩食给对方买好衣服……小艾觉得爱情就是要付出，不分你我。

比如，小艾的现任男友是一名程序员，虽然自理能力极差，但追求较大的个人空间。小艾与她的现任男友住在同一个城市的两端，小艾每次去看男友，都要拎着大包小包，辗转两个多小时的地铁和公交，给男友带吃的、用的。然而，在一起的时候，两人的相处模式却非常别扭：男友就喜欢待在电脑前，而小艾一会儿给男友送杯水，一会儿送盘切好的西瓜，男友也只是头也不抬地说声谢谢。有时候小艾在男友面前出现的次数多了，男友还会抱怨，希望小艾能让他自己待会儿。上次就是这样，小艾指责男友根本不爱她，男友却辩解说每个人都需要个人空间，于是小艾一气之下摔门走了。两周过去了，男友也没来找她。

面对职场和恋爱中的困境，小艾有点想不通。小艾觉得，如果说她有缺点，那可能就是她太重感情，心太软了。对于以小艾为代表的二号助人型人，我总结了他们的主要特征，如表2-2所示，供读者参考。

表 2-2 二号助人型人的主要特征

维度	特征
核心欲望	希望通过帮助和支持他人的方式与他人建立亲密的关系，并通过获得他人的认可和赞赏的方式来获得存在感和价值感。
核心恐惧	害怕失去与他人的亲密联系和关系，以及失去他人对自己的认可和赞赏。
在顺境中的表现	①热情、友好、慷慨、乐于助人； ②愿意主动提供帮助，通过付出来获得他人的喜爱和认可。
在逆境中的表现	①因害怕失去他人的支持和认可而感到焦虑和不安； ②可能会过度牺牲自己的需求来满足他人的要求； ③有可能会感到沮丧和无助。
人际交往	①非常重视人际关系，通常会投入大量的时间和精力来努力维护和加强与他人的联系； ②关注他人的需求与感受，对他人的感受和情感状态非常敏感，往往能够敏锐地察觉到他人的情绪状态的变化； ③乐于助人，愿意帮助他人并提供支持； ④热情友好，对他人展现出真诚的态度，并愿意倾听他人的故事和困扰； ⑤希望与他人保持和谐的人际关系，避免与他人发生冲突，在遇到矛盾或冲突时，倾向于让步和妥协。

续表

维度	特征
沟通方式	①倾向于使用柔和的语气与他人沟通,避免使用过于直接或强硬的措辞,以确保自己的言辞不会伤害到他人; ②经常会表达对他人的赞美和感激之情,通过赞美和感谢来肯定他人的价值和重要性; ③通常会成为他人的倾诉对象,在沟通中更倾向于倾听而不是发表自己的意见。
口头禅	①"我能帮上什么忙吗?" ②"如果你有任何需要,请随时告诉我。" ③"我会一直在你身边的。"

针对小艾的困惑,结合二号助人型人的主要特征,在日常生活中,二号助人型人需要格外注意以下几个问题,以避免陷入不健康的行为模式或情绪困境。

第一,过度牺牲自己的需求。当二号助人型人过度牺牲自己的需求和欲望,而将他人的需求置于自己之上时,二号助人型人可能会感到内心的空虚和疲惫。建议二号助人型人学会在关心他人的同时也关注自己的需求和欲望。学会设定合理的边界,保护自己的时间和精力,并确保自己得到充分的休息。

第二，寻求外部认可。当二号助人型人以过度依赖外部认可的方式来获得自尊和价值感时，二号助人型人可能会陷入沮丧和焦虑的情绪中。建议二号助人型人学会从自身寻找自我价值和满足感，而不是完全依赖外部的认可和赞美。培养自我接纳和自我肯定的能力，从而减轻对外部认可的过度依赖。

第三，因为害怕冲突而做出不健康的妥协。当二号助人型人因为害怕冲突而不断做出不健康的妥协时，这种行为可能会损害二号助人型人自己的利益。建议二号助人型人学会有效地处理冲突，并学会在维护与他人关系的同时也维护自己的利益和需求。不要牺牲自己的原则和价值观，而是要学会与他人进行建设性的沟通并解决问题。

三号成就型

大成今年38岁，是一家医疗器械公司的总经理。作为一个一直处于拼搏状态、精力似乎用不完的人，大成从来没有想过自己有一天会像现在这样无所事事地躺在医院的病床上——已经一个星期了，他没有任何事可做，每天只能接受各种各样的检查。

尽管伤春悲秋从来不是大成的做派，但此刻他真的觉得自己需要反思了。回望前半生，大成突然意识到，他一直在努力、在奋斗，追逐着一个又一个的目标。大成的家境并不好，爸爸去世得早，妈妈一个人把他带大，他每次考了第一，看着妈妈高兴的样子，就觉得所有的努力都值得了。大成没有辜负妈妈的期望，成功考上了一所著名的医科大学。大学期间，大成成绩优秀，而且跟那些只埋头读书的同学不同，他从大二起就在一家医疗器械公司兼职做销售，同学们玩的时候他在打电话，同学们谈恋爱的时候他在见客户。临近毕业时，大成已经成了这家医疗器械公司的销售冠军。毕业后大成放弃了考研，直接来了这家医疗器械公司。正式加入这家医疗器械公司一年后，大成就成了这家医疗器械公司的销售经理，三年后成了销售总监，五年后就成了这家全国知名的医疗器械公司的总经理。

大成喜欢这样的工作。为了工作,大成经常早晨五点钟就起床,凌晨才睡觉,从早忙到晚。大成不知道自己一天能够睡几小时,但他觉得人活着有目标、有竞争才能有回报,爱拼才会赢。

凭借这股拼劲,大成在寸土寸金的城市有了自己的房子和车子,娶了他心心念念的妻子,生育了一个可爱的女儿。大成一度觉得自己也算是个成功人士了。

大成每天都很忙,回家的次数越来越少,时间越来越晚,妻子也开始抱怨他,说她的婚姻简直就是丧偶式婚姻。大成每次听着抱怨,却从不争辩。大成知道自己在家里的时间少,而且即便是回到家里也需要继续处理各种工作事务,能陪家人的时间确实少之又少。有时,大成半夜还要处理各种工作,即便是出门度假,对他来说也只是换个地方工作而已。大成觉得自己是身不由己,一方面压力确实大,另一方面他也认同男人赚钱养家、女人相夫教子的观念。

大成的妻子是个上海姑娘,喜欢浪漫,希望大成能有更多的时间陪伴自己。大成其实也很爱妻子,很爱家庭,可他确实太忙了。这几年妻子带着女儿回了娘家，大成却连抽空见见妻子和女儿的时间都没有。

而妈妈那边，大成基本上一年难得回去几次，一年到头，他也只能用钱来代替见面——他觉得给对方钱，就是他表达爱的方式。在大成的内心深处，他觉得他奋斗就是为了一家人的幸福：让女儿能接受更好的教育，让妻子住上更好的房子，让妈妈的晚年能够过得更宽裕一些！

其实，大成的妻子在前几年就开始和他闹离婚了，但他一直也没有松口答应离婚，就这样拖着。于是如今大成的生活只剩下了工作，现在他的生活常态就是奔波于各个不同的城市。客户和同事就是大成的全部，大成没有朋友，也没有不良嗜好，好像人生的意义就是工作，他成了不折不扣的工作狂。

大成知道背地里很多员工说他冷漠、现实、不讲感情，就像个工作机器。但大成觉得销售团队就是要以目标为主，凭业绩说话，谁的业绩好他就认可谁，把更多的资源给到业绩好的人手里，业绩差的直接淘汰。客户对他的评价则两极分化。一些人说他有冲劲、肯努力，做事也比较周全，而另一部分人则说他太功利，不值得深交。大成觉得无所谓，客户就是客户，在商言商，不需要什么交情。大成甚至觉得同事也只是一群一起做事的人，大家彼此合作，平时相安无事，有竞争时各凭本事。

大成觉得自己在已经规划好的路线上一步步前进，可这次突如其来的晕倒住院，一下子把他打蒙了。大成是在半夜突然晕倒的，醒来时，他一个人躺在冰凉的地面上，他一摸头，发现额头黏糊糊的，好像磕出了血。他自己打车到了医院，本来只是想包扎一下，但医生非要他做个全面检查。大成很生气，认为医生小题大做，然而检查结果让他直接脑袋发蒙——他有很大概率得了恶性淋巴瘤。

大成一个人在医院里待了七天，从最初的震惊到沮丧，再到现在开始恢复平静，大成开始重新思考人生的意义：一个人这一生的奋斗到底是为了什么呢？

对于以大成为代表的三号成就型人，我总结了他们的主要特征，如表 2-3 所示，供读者参考。

表2-3 三号成就型人的主要特征

维度	特征
核心欲望	渴望通过取得成就和成功来证明自己的价值和能力,以此获得他人的赞赏和尊重;
核心恐惧	害怕自己无法达到自己设定的目标和期望,以及失去别人对自己的赞赏和尊重;
在顺境中的表现	①自信、目标导向和积极向上; ②专注于实现自己的目标,并努力工作以获取成功; ③展现出较强的竞争力。
在逆境中的表现	①试图隐藏自己的挫折感,但内心可能会充满焦虑和不安; ②感到沮丧和挫败; ③害怕失败和失去他人的认可。
人际交往	①具有出色的社交技巧,能够适应不同的社交场合和人际关系,与各种类型的人建立联系并保持良好的关系; ②擅长自我推销和营销,能够巧妙地展示自己的优点和能力,以吸引他人的注意,获得他人的支持; ③可能会过度关注他人的看法,特别是那些能够对他们的成功和表现产生重要影响的人,努力迎合他人的期待,以确保自己得到认可和赞赏。

续表

维度	特征
沟通方式	①以目标为导向，清晰地表达自己的想法，明确自己的目标和意图； ②具有良好的口头表达能力，善于运用语言和沟通技巧，使自己的观点更加清晰、更加有说服力； ③能够根据不同的情境和他人的需求，灵活运用不同的沟通策略，以达到最佳的沟通效果。
口头禅	①"我相信我可以做到！" ②"只要努力就一定能成功！"

结合大成的故事以及三号成就型人的主要特征，我们可以看到，三号成就型人通常是有远大的目标和野心的，他们追求成功和成就，渴望获得他人的认可和尊重。然而，过度追求成功和成就可能也会带来一些问题和挑战。以下是三号成就型人在日常生活中需要注意的问题以及相应的建议。

第一，过度追求外界认可。三号成就型人常常将自己的价值和成功与外界的认可挂钩，过分关注外界的评价。建议三号成就型人学会从自身寻找满足感和自我价值，不要过分依赖外界的认可。培养内在的自信和自我价值，不要让外界的评价左右自己的情绪和行为。

第二，忽视内心需求。为了追求成功和成就，三号成就型人可能会忽视自己的内心需求和情感。建议三号成就型人关注自己内心的需求和情感，学会倾听自己内心的声音。不要把工作和成就摆在生活的核心位置，要给自己一些时间去放松、反思和享受生活中的美好。

第三，过度竞争。三号成就型人可能会有过度竞争的心态，过于关注与他人的比较和竞争。建议三号成就型人学会与他人合作，相信合作和团队的力量。三号成就型人要明白每个人都有自己的独特之处，不必一味追求超越他人，而是要发挥自己的优势和潜力。

第四，缺乏真实性和透明度。为了维护形象和追求成功，三号成就型人可能会牺牲真实性和透明度。建议三号成就型人保持真实和透明，坦诚地面对自己和他人。学会接受自己的缺点和失败，勇于展现真实的自我，与他人建立真实而稳固的人际关系。

第五，较大的工作压力。为了追求成功，三号成就型人可能会长时间投入工作，导致身体疲劳和压力过大。建议三号成就型人学会平衡工作与生活，给自己一些休息和放松的时间。也就是说，三号成就型人需要建立健康的生活方式，包括适量的运动、充足的睡眠和健康的饮食，以保持身心健康。

四号自我型

当闺密结婚的消息传到小玉的耳中时，小玉一时之间有些嫉妒，她觉得闺密和自己一样并没有太多的优点，但闺密就是能让帅气多金的富二代男友跨越各种障碍娶她。

小玉觉得闺密真的是嫁给了爱情，这让她心生嫉妒。这种嫉妒情绪时常出现，甚至有时在地铁上看见一对情侣，或者仅仅是路过菜市场，看见一些提着菜篮子回家的家庭主妇，小玉也会陡然心生羡慕。小玉总觉得别人轻而易举就获得了幸福，而她的幸福却好像被谁莫名其妙地偷走了。

此外，小玉经常处于一种自我冲突的状态，恋爱的时候她觉得一个人好,一个人的时候她又觉得恋爱好。工作的时候她觉得休假好,休了假,她又觉得还是上班好。有时她觉得过去很好,未来也不错,唯独不太好的是当下。这让她心里总是有种缺失感,可到底缺了什么,有时连她自己也说不清楚。

小玉时常感觉很孤独,觉得自己像一个外星人,没有人理解她。有时她也奇怪自己为什么会产生这种莫名其妙的情绪。

虽然小玉的爸妈离婚早,妈妈嫁到了国外,但爸爸一直尽可能地陪着她,而且爸爸向她解释了很多事情,所以她觉得自己并没有多恨妈妈,甚至这几年通信方便之后她还会和妈妈视频。但近来她发现,实际上,她心底总是有一种被抛弃的感觉。这也导致她无论面对爱情还是友情,都会和他人保持一定的距离。一旦出现一点被他人疏离的征兆,她就会马上主动逃离。

大学毕业后,小玉进了一家广告公司。在那家广告公司工作时,小玉是最有创意、最年轻、最有个性但也最难管理的员工。小玉的文字功底极好,知识面广,视角又非常独特，写出来的文案别具一格，常常让人眼前一亮。小玉的工作能力远超绝大多数人，但她的职业生涯并不是一帆风顺的。毕业八年来，小玉换了三家公司，每个老板对她都是又爱又恨，因为薪资不是她关注的首要因素，她总是挑公司，更挑领导。

小玉认为，如果领导是个庸人或者是个俗人，无论自己的创意有多好，都很难获得领导的认可。因此，她前两份工作的时间都不长，第三份工作倒是做了快四年了——老板比较欣赏她，也给了她足够的空间。在第三份工作中，当小玉和客户意见相悖的时候，如果小玉不愿意调整，老板就会换别人跟进。同事对小玉拥有特殊待遇颇有微词。可老板说公司的几个重要客户都买小玉的账，这就是核心竞争力。虽然其他人有些不平，但小玉并不在意。

小玉的工资不低，家境也还好，唯一让她烦恼的就是爱情。小玉总是觉得自己很孤独，她觉得爱情是她生命里唯一的伤。从 16 岁以来，她就一直在恋爱，好像就没有空窗期。每次恋爱，她都是轰轰烈烈地开始，又轰轰烈烈地结束。她也觉得很奇怪，为什么在刚开始相处的时候，对方看起来总是那么与众不同，但相处一段时间后，对方就显得那么俗不可耐、令人失望。更关键的是，小玉觉得没有一个人真的懂她。

小玉觉得自己的心里有一个理想爱人，这个人集合了她从小到大所看的电影、电视剧、小说里所描绘的男主角的所有优点，而现实中的男朋友与小玉心里的理想爱人差了很多，好像只是她的爱情陪练。每次失恋之后，小玉就会觉得孤独，经常躺在床上瞪着眼睛发呆，那种孤独感让她透不过气来。这种情绪实在难以排解时，小玉就一个人在网上天马行空地写东西。小玉在网上还有另一个身份——一个网络穿越文写手，只是她写东西经常有一搭没一搭，全看心情。

小玉时常感觉情绪低落，觉得生活没有意义，为此，她专门去看了心理医生。心理医生说小玉的情况没有到抑郁症的程度，让小玉尽量调整心态，保持愉悦的心情。

工作上，小玉的领导特别欣赏她，对她的期望很高。生活上，小玉的爸爸希望她的感情能够稳定，尽早找个人结婚生子。而小玉觉得他人的期待非常可怕。她不想按部就班,因为那样太无聊、太痛苦。她想遵循自己内心的想法,过一种与众不同的生活。

结合上述小玉的故事,对于以小玉为代表的四号自我型人,我总结了他们的主要特征,如表2-4所示,供读者参考。

表2-4 四号自我型人的主要特征

维度	特征
核心欲望	渴望被理解、被认可和被接纳,通过表达自己独特的个性和情感来获得他人的关注和理解,以及与他人建立深层次的情感联系;
核心恐惧	害怕被忽视和被拒绝,担心自己与他人的联系不够紧密,以及自己的感受和需求不能被他人理解和接纳;
在顺境中的表现	①情感丰富、敏感和富有创造力; ②追求独特的个性和艺术才华; ③善于表达自己内心深处的情感和体验。
在逆境中的表现	①易产生消极情绪; ②害怕失去与他人的联系和被孤立; ③可能会过度关注自己的情感体验,难以摆脱负面情绪。
人际交往	①喜欢与他人分享自己的感受和体验; ②希望得到他人的认可与理解,与他人建立起真诚和深层次的情感联系; ③倾向于与那些能够欣赏自己独特个性的人建立关系。

续表

维度	特征
沟通方式	①倾向于使用丰富的词汇和语言来描述自己的情感状态，以及对外界事物的感受和反应； ②重视情感的真实性和纯粹性，倾向于在沟通中展现出真实的自我，避免虚伪和做作； ③可能会使用诗歌、绘画作品和音乐等形式来表达自己的情感和体验。
口头禅	① "我感觉到……" ② "我想要一个人静一静。" ③ "我希望有人能够理解我。"

结合小玉的故事以及四号自我型人的主要特征，我们可以看到，四号自我型人通常是感性、认为自己与众不同、富有创造力的人。他们追求独特性，但这种追求也可能带来一些问题。以下是四号自我型人在日常生活中需要注意的问题以及相应的建议。

第一，过度关注自我。四号自我型人可能会过度关注自己内心的想法，忽视他人的需求和利益。建议四号自我型人学会关注他人的需求和情感，与他人建立健康的人际关系。尝试放下自我，给予他人更多的关爱和支持，与他人进行更加积极的人际互动。

第二，过度理想化。四号自我型人容易过度理想化，对现实世界抱有不切实际的期望。建议四号自我型人接受现实，学会面对现实的挑战和困难，尝试从挑战和困难中学习成长，选择更加积极健康的生活态度。

第三，容易产生负面情绪。四号自我型人可能容易产生悲伤、沮丧、焦虑等负面情绪。建议四号自我型人学会控制自己的情绪，而不要被情绪所控制。尝试寻找调节情绪的方法，如运动、艺术创作等，以保持情绪的稳定。

第四，过于注重外在形象。为了体现自己的独特性，四号自我型人可能会过于关注外在形象，过分强调外在的表达。建议四号自我型人学会从自己的内在发现自己的独特之处，不要过分依赖外在形象来获得他人的认可。

第五，逃避现实。面对生活的压力和挑战，四号自我型人可能会逃避现实，沉浸在自己的幻想中。建议四号自我型人学会勇敢地面对现实，积极寻找解决问题的方法。

五号思想型

小思，27岁，一家IT公司的程序员，中等身高，戴眼镜，有着一副怎么吃都吃不胖的身材。小思从小就有一种泰山压顶而面不改色的淡定，或者说有一种宠辱不惊的气质。小思学的是计算机专业，喜欢编程，所以他平时最大的爱好就是在网络世界里遨游，他有一次甚至在电脑前坐了整整48小时，既没去上班，也忘了吃饭。作为单位里的技术骨干、技术部门里挑大梁的人物，编程既是小思的工作，也是他的看家本领。

除此之外，小思不参与办公室政治，对升职也没有什么热情，对管人这种事更是感到头疼，基本上不参与应酬，即便是同学朋友间的聚会也极少参与。大家背地里叫他书呆子，但他在网络世界里极其活跃，在很多平台上都是"大V"级的人物。

小思的妈妈是一个非常要强的人，在小思的成长过程中经常干涉小思的生活，比如经常进出小思的房间、翻看小思的日记，导致小思长大后变得非常叛逆。

成年后,小思在亲密关系中非常在意自己的个人空间。接触了九型人格之后,小思觉得他的妻子极有可能是二号助人型人,换句话说,小思的妻子特别喜欢跟小思有亲密的互动。小思有时候会一个人跑到书房,在书房里编程序,或者打游戏,而小思的妻子一会儿送来水果,一会儿又过来聊天,小思就会觉得很不耐烦。但每次小思对妻子有些冷漠的时候,妻子就会有很大的情绪。如果小思持续一两天没有理他的妻子,他的妻子就会很崩溃,声称小思不爱她了。其实小思只是需要一些个人空间。从早晨醒来到晚上睡觉之前,小思觉得自己需要面对老板、同事、朋友、妻子,没有任何个人空间。

其他生活上的问题更是让小思烦恼,比如在选择看哪种类型的电影这个问题上,小思和妻子的分歧很大。妻子选的电影,小思觉得剧情幼稚,漏洞百出,而小思喜欢看的诸如《盗梦空间》等电影,他的妻子却觉得看不懂。除了喜欢看烧脑电影,小思还喜欢下象棋、下围棋这类需要动脑子的休闲活动。

在职场上,领导总说小思的智商高、情商低,但小思认为自己只是对经营人际关系提不起兴趣，而不是因为情商低。小思的领导非常希望小思能够成为部门管理者，但是小思觉得当了部门管理者之后，需要处理很多事情，非常消耗自己的精力，还不如埋头做技术省心。

如同给自己构建了一个城堡，小思自己乐在其中，如果别人不给他施加压力的话，他几乎是不会有烦恼的。只不过人生活在现实当中，总是会被世俗裹挟。小思的妈妈希望小思能够尽快升职，而小思的妻子一方面希望小思能够多陪伴自己，另外一方面又希望小思能够多赚钱……在多重压力之下，小思感觉很焦虑，本能地想要逃离。

在人际关系方面，小思很害怕过于亲密的关系。不论是面对朋友、家人还是妻子，小思总是有一种一跟人亲近就会被对方吞噬的恐惧。只有保留一些个人空间，小思才会觉得有安全感。小思不明白人与人之间为什么需要那么多的互动和交往。

小思是典型的五号思想型人。对于以小思为代表的五号思想型人，我总结了他们的主要特征，如表2-5所示，供读者参考。

表2-5 五号思想型人的主要特征

维度	特征
核心欲望	渴望拥有知识和智慧，希望通过探索和理解世界来满足自己的好奇心和求知欲。
核心恐惧	害怕无知、被误解和被束缚，担心自己不能理解世界或无法获得足够的知识，以及被人排斥或被限制在狭窄的思维领域内。
在顺境中的表现	①聪明、冷静和深思熟虑； ②追求知识的深度而非广度； ③喜欢独立思考和研究问题。
在逆境中的表现	①可能会表现出冷漠和疏离，不愿意接受他人的帮助； ②可能会沉湎于自己的思考和理论之中； ③难以与他人建立情感联系。
人际交往	①不太愿意分享自己的个人信息或感受，倾向于与他人保持一定的距离； ②愿意与那些能够与他们进行深度讨论和思想交流的人建立联系。
沟通方式	①倾向于使用逻辑推理和理性分析，以清晰和准确的方式表达自己的观点和想法； ②倾向于在安静的环境中独立思考，而不喜欢在大庭广众之下表达自己的想法； ③愿意听取他人的不同意见和观点。

续表

维度	特征
口头禅	① "我想要深入了解这个问题。" ② "我需要更多的时间来思考。" ③ "我希望有人能够理解我。"

结合小思的故事以及五号思想型人的主要特征，我们可以发现，五号思想型人通常是独立思考者，喜欢探索事物的本质。他们追求理性和客观，但这种追求也可能带来一些问题。以下是五号思想型人在日常生活中需要注意的问题以及相应的建议。

第一，忽视情感需求。五号思想型人倾向于理性思考，可能会忽视自己的情感需求。建议五号思想型人学会关注自己的情感，重视自己的情感需求。不要排斥情感，而是要学会表达和处理自己的情感，保持身心健康。

第二，孤僻和自我封闭。为了保持独立思考，五号思想型人可能会过于孤僻和自我封闭。建议五号思想型人学会敞开心扉，积极参与与他人的讨论和交流，拓展自己的视野和思考问题的角度,并主动与他人分享自己的观点和想法。

第三,过度分析和犹豫不决。五号思想型人倾向于过度分析问题,可能会陷入无休止的思考中,导致犹豫不决。建议五号思想型人相信自己的直觉和决策能力,不要陷入过度分析的泥沼,而是要相信自己的能力,勇于做出决定。同时,也要学会接受不完美的结果,把握机会学习和成长。

六号忠诚型

大忠,37岁,已经在一家业界知名的建筑公司工作15年了。大学毕业之后,大忠就来到了这家公司,一干就是15年。公司老板的身体不是很好,隔三岔五地去疗养,所以公司渐渐地就交给大忠来打理了。同事们都戏称这家公司有"神龙见首不见尾"的老板和"铁打"的副总,大忠觉得这种感觉很不错。被老板信任,当个二把手，凡事有人可以商量，出了事也不用自己冲在最前面，这让大忠心里多了一点点安全感。但是即便如此，这也只能稍微缓解一下大忠内心的焦虑情绪，大忠总是担心公司出事了怎么办。这种担心让大忠预想出很多可能会发生的问题，以及相应的解决方案。

　　大忠非常谨慎。在日常生活中，大忠总担心家里人的安全，也担心自己遇到危险。比如，大忠每次出门都会再三确认家门有没有锁上，每次停好车都要反复确认车门是否关好。大忠的家里备有专业的灭火器具，阳台上还拴着一根绳子，以备不时之需。出差住酒店时，大忠常会在房门后放一把椅子，有时候甚至还要在椅子上放一个茶杯。工作上，大忠更是小心谨慎，怕工程出问题，怕材料出问题，怕施工出问题，怕工人的安全出问题，怕领导不满意，怕客户投诉，怕公司的信誉受到影响……这一切都让大忠战战兢兢，如履薄冰。这种对安全的极度渴求，虽然让大忠一直处在焦虑当中，但是客观上也让大忠养成了做事严谨、细致，从不抱有侥幸心理，凡事总是防患于未然的习惯。

由大忠负责公司工程的这些年，公司在业内的口碑一直很好，从没有发生过什么大的事故，这使得大忠在公司里有非常高的威望，老板信任他，同事尊重他。此外，大忠的为人也很随和，做任何事情都喜欢和大家商量，喜欢合作。老板表扬大忠的时候，大忠也从来不居功自傲。

唯一让大家颇有微词的，就是大忠做决定的速度实在太慢了。任何事情总是思来想去，明明大家都觉得没有任何问题，大忠还是迟迟不敢做决定，所以偶尔也能听到大家对于大忠决策速度慢的抱怨。

家里的事情更是如此。大忠买个手机至少要考虑一两个月，买辆车也要考虑小半年。大忠对家庭极为看重，大忠的妻子是大忠的初恋，从恋爱到现在，十几年里，大忠和妻子的感情一直很好。妻子有时嫌大忠不浪漫，发点小脾气，大忠也总是以不变应万变。大忠觉得自己是个务实守旧的人，买东西特别讲究实用，从不赶时髦。令人惊讶的是，大忠送给妻子的第一件礼物居然是一条棉裤！这导致大忠的妻子后来总调侃大忠，说大忠是经济适用男。

再说回工作，这几年，市场竞争压力越来越大，公司的发展越来越艰难,老板有时候也萌生了退意。其他公司招揽过大忠,但大忠从来没有动摇过。尽管如此,大忠的内心深处还是有些焦虑:万一公司真的垮了,该怎么办呢?那么多的员工和家属如何安置?……

结合上述大忠的故事,对于以大忠为代表的六号忠诚型人,我总结了他们的主要特征,如表2-6所示,供读者参考。

表2-6 六号忠诚型人的主要特征

维度	特征
核心欲望	渴望安全和稳定,希望通过依靠他人和与他人建立稳固的关系来获得安全感。
核心恐惧	害怕不安全、被他人背叛和失去他人的信任,担心自己无法应对危险和挑战,以及与他人失去联系。
在顺境中的表现	①忠诚、勇敢和负责任; ②愿意为了保护自己和他人而付出努力; ③对团队和组织有较高的忠诚度。
在逆境中的表现	①可能会因为害怕失去安全感和被他人背叛而表现出焦虑和紧张; ②倾向于寻求他人的帮助和支持来应对困难和挑战。

续表

维度	特征
人际交往	①信赖他人,并期望得到相同程度的信任和依赖; ②寻求安全和稳定,倾向于与那些能够提供安全感和支持的人建立联系,希望在困难时刻得到他人的支持和理解; ③社交圈子较小,需要较长的时间才能与他人建立社交关系。
沟通方式	①倾向于以直接和坦诚的方式表达自己的观点和感受; ②通常会注意避免触及敏感话题,以免引发不必要的紧张和不安全感。
口头禅	①"我会一直支持你的。" ②"我们可以一起应对这个挑战。" ③"我相信你是值得信任的。"

结合大忠的故事以及六号忠诚型人的主要特征,我们可以发现,六号忠诚型人通常是值得信赖、忠诚可靠的人,他们注重安全感和稳定性,但过度追求安全感也会带来一些问题和挑战。以下是六号忠诚型人需要注意的问题以及相应的建议。

第一,过度担忧和焦虑。六号忠诚型人往往会过于担心未来可能发生的风险,导致过度的焦虑和紧张。建议六号忠诚型人学会面对恐惧和不确定性，培养积极的心态。六号忠诚型人可以通过学习放松技巧和深呼吸等方法，帮助自己缓解焦虑，保持平静和冷静的心态。

第二，过度依赖他人的意见和支持。六号忠诚型人可能会过度依赖他人的意见和支持，缺乏自信和独立思考能力。建议六号忠诚型人培养自信心和独立思考能力，相信自己的判断和决策能力，勇于表达自己的观点和想法。同时，也要学会接受他人的意见和建议，但不必完全依赖他人的意见来做决定。

第三，过度依赖群体认同。六号忠诚型人可能会过度依赖群体认同，为了获得安全感而放弃个人的观点。建议六号忠诚型人学会保持个人的独立性和独特性，尊重自己的观点和价值观，不要盲目追随群体，而是要勇于表达自己的想法。

七号快乐型

小齐从事公关工作,平时需要去各地出差。小齐性格外向,兴趣爱好广泛,什么都懂一点,因此几乎与任何人都有话题可以聊,小齐既可以与七十岁的大爷喝酒聊天,也能够和七岁的小朋友玩过家家。小齐的人生目标就是吃喝玩乐,所以,小齐觉得他现在从事的这份工作极其适合自己:拿着公司的钱陪客户吃喝玩乐,名曰招待客户,实际上自己比客户玩得还高兴。

对于现在的这份工作,要说有什么问题的话,那就是小齐有时会因为玩得太忘我而误了正事。比如答应客户的事,有时在酒醒之后就忘记了,有一次差点酿成大祸。

然而,在一个地方待久了,小齐也会觉得没意思,经常冒出离职的念头。从毕业到现在,九年时间,小齐换了六七份工作,平均下来,没有一份工作做满两年。小齐的穿衣风格千变万化,女友也换了好几个,但小齐并不觉得自己花心,他觉得自己只是特别容易开始一段感情,也特别容易结束一段感情。其中,很大一部分原因在于,面对障碍和问题的时候，小齐本能地想逃避。

对于婚姻和家庭，小齐一直处于矛盾状态，虽然他很喜欢小孩，但一想到自己要结婚养娃，他就感觉特别焦虑，只想找各种理由推脱。其实，小齐特别害怕承诺，他觉得自己已经习惯了一个人自由自在的状态，不想结束这种自由自在的生活。例如，一个人的时候，小齐在身上没多少钱的时候也会去潜水，或者只是因为看了《动物世界》就去肯尼亚看角马，甚至可以心血来潮，辞职去偏远山区支教。

在小齐的观念里，钱就是用来花的，人生在世，开心快乐最重要。因此，每当遇到不开心的事情，他总是会去吃一顿好吃的、睡一个好觉或者喝一顿酒，做完这些，他的烦恼也就烟消云散了。小齐认为，人生苦短，任何愿望都要快速实现。有时即便是半夜想吃薯片，小齐也会起床下楼买一袋薯片，吃完才能睡着。小齐的身上有一股江湖豪气。上学的时候，小齐就是一个乐队的鼓手，小小的个子打起鼓来，特别潇洒。如今，小齐的身上更是有一种仗剑行走天涯、吃遍天下美食、赏遍天下美景的豪气。

小齐觉得他的这种个性可能和家庭有关。小齐的爸爸是名军人，常年在部队，妈妈对小齐的教育基本属于放养式教育，极少干涉小齐的生活和决定。小齐还有个姐姐，但在日常生活中，由于小齐的爸爸常年在部队，所以小齐成了家里的老大，家里有任何大事小情，都由小齐来张罗。在公司里，小齐的领导认为小齐是员福将，比较器重小齐，就是有时觉得小齐做事不太靠谱。小齐和同事们玩得都不错，就是小齐偶尔会忘记自己答应别人的事，这让大家觉得小齐不太守信用，但小齐并不把这些事情放在心上，经常一笑了之。

每天追求开心的小齐，其性格特点是怎样的呢？表2-7详细地列出了以小齐为代表的七号快乐型人的主要特征。

表2-7　七号快乐型人的主要特征

维度	特征
核心欲望	渴望拥有幸福快乐的生活，希望通过享受生活、体验新事物等方式来获得快乐和满足感。
核心恐惧	害怕被束缚、被限制，担心自己无法体验到生活的多样性和快乐，以及被人排斥或被忽视。

续表

维度	特征
在顺境中的表现	①乐观、活泼和充满活力； ②善于寻找乐趣和刺激，愿意尝试新的事物； ③对生活充满热情和好奇心。
在逆境中的表现	①可能会因为害怕面对困难和挑战而表现出逃避和不负责任的倾向； ②可能会试图逃避现实，转而寻找快乐和满足感，而不是积极应对问题。
人际交往	①喜欢变化和新鲜感，倾向于与那些能够给他们带来新鲜感和刺激的人建立联系； ②具有出色的社交能力，善于营造轻松愉快的氛围，能够轻松地与各种类型的人建立良好关系； ③喜欢与他人交流，积极参与社交活动，并与他人进行轻松愉快的交流和互动。
沟通方式	①具有良好的沟通技巧，会通过幽默和调侃来缓解紧张气氛，使沟通过程更加轻松愉快； ②思维比较跳跃，容易从一个话题跳到另一个话题； ③喜欢与他人分享自己的经历和感受。
口头禅	①"让我们一起尽情享乐吧！" ②"让我们快乐地度过每一天！" ③"保持乐观，一切都会好起来的！"

结合小齐的故事以及七号快乐型人的主要特征,我们可以发现,七号快乐型人通常是充满活力和乐观的,他们追求快乐和享受生活,但这种倾向可能也会带来一些问题。以下是七号快乐型人需要注意的问题以及相应的建议。

第一,冲动和无节制。七号快乐型人可能会做出冲动和无节制的行为,缺乏自我控制和自律的能力。建议七号快乐型人学会控制冲动。换句话说,七号快乐型人在做出决定之前,要先冷静思考并权衡利弊,不要被即时的快乐冲昏头脑,要培养自我控制和自律的能力,逐渐建立健康的生活习惯和行为模式。

第二,缺乏长期目标。七号快乐型人可能会缺乏长期目标,更喜欢追求即时的快乐和满足。建议七号快乐型人设立长期目标,并为之努力;学会延迟满足,不要只追求眼前的快乐,而是要为未来的发展和长期的目标付出努力。如果能够制订计划并坚持执行,那么七号快乐型人或许可以获得更大的成就和满足感。

第三,忽视他人感受。为了追求自己的快乐,七号快乐型人可能会忽视他人的感受和需求，导致他人产生被忽视或不被重视的感受。建议七号快乐型人学会关注他人的感受和需求。也就是说，七号快乐型人在追求自己的快乐时，要考虑他人的感受，尊重他人的需求和意见。与他人建立良好的人际关系，能够为七号快乐型人带来更多的快乐和满足感。

第四，逃避困难和挑战。七号快乐型人常常不愿意面对困难和挑战，总是试图通过逃避困难来回避负面情绪。建议七号快乐型人学会勇于面对负面情绪。七号快乐型人需要认识到负面情绪是生活的一部分，不要逃避或否认它们，而是要学会接受自己的负面情绪并寻找适当的方式来排解自己的负面情绪，如倾诉、写作、运动，以及寻求专业支持和帮助。

八号控制型

老权目前就职于一家全国知名的中美合资保健品公司，在现在的公司里，他就像个"土皇帝"。老权特别喜欢这种感觉——我的地盘我做主。从小到大，老权一直痴迷权力，控制欲极强。

老权的个子不高，但是气场极强，说话的声音极其洪亮。老权从小就是孩子王，尽管在家里排行最小，但哥哥姐姐都听他的，家里的大事小情都由他来操办。虽然他的脾气火暴，一点就炸，但他为人极其仗义，对家人和朋友都很关照，所以周围的亲朋好友都对老权极其敬重。

老权之前做过好几份工作，但最后都因为受不了领导对自己指手画脚而选择了离职。老权特别恐惧被别人控制的感觉，只要被人管东管西，他就觉得束手束脚。只要给他一定的自主权，他就觉得意气风发，干劲十足。在来目前就职的这家中美合资保健品公司之前，老权没有提薪资方面的要求，只是希望国内的事情都由他来做主，他喜欢那种一切尽在自己掌控之中的感觉。

老权的管理方式也非常简单,那就是"听我的"。有时老权自己已经做好了决策方案,开会只是为了走个流程。老权对员工的要求就是"听话、照做"。老权觉得,在某种程度上,忠诚比能力更重要,只要按他说的做,什么都好说,即便是错了,也由他来负责。如果没按他所说的做,即便结果是好的,他也不一定会奖励。比如,有几个不听他指挥的员工,不是被他外放就是被他降职了,颇有点"顺我者昌,逆我者亡"的味道。

老权做决策的速度很快,他相信直觉的力量,经常是一拍脑门就把某件事情给确定下来了。一开始,老权的下属对于老权的管理方式颇有微词,但是随着老权做的几个决策使公司在市场竞争上占据了很大的主动权,大家逐渐接受了老权的管理方式。

老权的目标感极强,对自己有股狠劲,只要确定了目标,就会想方设法去达成。别人是不撞南墙不回头,老权是撞了南墙也不回头,一定要想方设法达成目标。老权精力充沛,经常连轴转。也正因为此,老权带的团队都有一种狼性精神。在老权看来,竞争就是为了赢,不达目的誓不罢休。

老权特别欣赏一句话,"狭路相逢勇者胜"。老权经常会对下属说"放手去干,出错了有我担着",所以别人都调侃说,老权的下属走路都是横的,心里特别有底气。老权对下属也很关照,只要是他的下属,他都将其当成兄弟。当然,老权有一个特别明显的毛病,那就是有时候脾气一上来就会骂人,甚至说"给我滚"。虽然每次事情过去后,老权也会后悔,但当脾气上来时,老权常常控制不住自己。

总体来说,老权的风格就是比较霸道,在公司如此,在家里也是一样。所幸老权妻子的个性极其温和,什么都听老权的,老权也特别感激妻子对自己的宽容。只是,总会有人不愿意接受老权的管束,比如老权唯一的儿子,从小就和老权对着干。老权的儿子的脾气也不好,从小到大,老权的儿子没少和老权吵架。后来,老权的儿子去了美国读书,交了个外国女朋友,对此,老权非常生气,因为老权觉得自己的儿子已经脱离自己的掌控了。老权甚至警告儿子,如果和外国人结婚,就永远别回家了。结果儿子到现在已经三年没回家了,尽管很想念儿子,但老权觉得自己是坚决不会妥协的。

现在,老权和他的儿子就这么一直僵持着。对此,老权很生气,他认为这么多年,别人都能接受他的管控,唯独他自己的儿子却怎么都管教不了。老权的儿子无视他的生气,只说"等你老了,看你还认不认我"。本来老权觉得"老"这个词离自己还很远,结果上周体检,老权发现自己的血压和血脂有连年上升的趋势,极易发展成高血压和高血脂,中风的概率也相应提高了。这时,老权发现,在这个世界上只有儿子和自己的身体,不在自己的控制范围内。

表2-8总结了以老权为代表的八号控制型人的主要特征。

表2-8 八号控制型人的主要特征

维度	特征
核心欲望	渴望拥有权力和掌控感,希望通过控制自己和他人的行为来获得力量和自主性。
核心恐惧	害怕失去控制和被他人控制,担心失去权力和自主性,以及被人操纵和支配。

续表

维度	特征
在顺境中的表现	①果断、坚定和自信; ②善于领导和指挥他人; ③愿意承担责任并追求权力和成功。
在逆境中的表现	①可能会因为害怕失去权力或掌控感而表现出暴力和咄咄逼人的倾向; ②可能会试图通过控制他人来应对挑战,而不是与他人合作解决问题。
人际交往	①通常喜欢与强大和有影响力的人建立联系; ②希望与同样具有掌控欲的人合作; ③可能会避免与那些被认为弱小或无能的人交往。
沟通方式	①直言不讳,喜欢直接表达自己的观点和要求; ②可能会使用强势的语气和口吻来影响他人,并期望他人服从自己的指挥。
口头禅	①"我要掌控这个局面!" ②"我会做出决定并执行!" ③"不要挑战我的权威!"

结合老权的故事以及八号控制型人的主要特征,我们可以发现,八号控制型人通常是坚定果断的领导者,他们追求权力和控制,但这种倾向可能会带来一些问题。以下是八号控制型人在日常生活中需要注意的问题以及

相应的建议。

第一，过度的控制欲。八号控制型人通常有强烈的控制欲，希望自己能够掌控局面并拥有最终决策权。建议八号控制型人不要过分强调自己的权威和控制，而是要给予他人更多的自由和尊重，培养团队合作的精神，学会与他人平等合作，尊重他人的意见和建议。

第二，冲动和暴力倾向。在愤怒或遇到挫折时，八号控制型人可能会表现出冲动和暴力倾向，采取强硬的手段来解决问题。建议八号控制型人学会控制情绪，保持冷静和理智。换句话说，八号控制型人在愤怒或遇到挫折时，不要轻易做出冲动的行为，而是要冷静思考，并寻求解决问题的合适方式。学会有效地表达自己的观点和需求，而不是通过暴力和威胁来达到目的。

第三，过度自信。八号控制型人可能会因为过于自信而不愿接受他人的批评和建议。建议八号控制型人保持开放的心态，学会倾听并接受他人的意见和反馈。

第四，自我孤立。为了保护自己的权力，八号控制型人可能会孤立自己，不愿与他人合作或分享权力。建议八号控制型人学会信任他人，并与他人建立良好的合作关系。换句话说，八号控制型人需要意识到合作和团队精神的重要性，尝试与他人分享权力和责任，以实现共赢。

第五，忽视他人感受。八号控制型人可能会忽视他人的感受和需求，只关注自己的目标和利益。建议八号控制型人重视他人的感受和需求。在决策和行动时，要考虑他人的利益和感受，并尊重他人的观点和意见。从某种角度来说，与他人建立良好的人际关系，能够给八号控制型人带来更多的支持和合作。

九号和平型

小何今年27岁，喜欢平静的生活。小时候，小何的爸爸妈妈总是吵架，小何爸爸的脾气特别暴躁，动不动就发火，而小何的妈妈在每次吵架后总是偷偷地哭，这让小何感到特别无助，因此，安稳平静是小何心目中理想的生活状态。小何对生活没有什么计划，无论是学业、工作，还是爱情，小何喜欢一切随缘。小何没有什么特别的爱好，吃得好和睡得好就算是小何在生活中最大的追求了。只要吃了好吃的，小何的心情就会变好。在睡眠上，小何的睡眠状态一直很好，一般都能沾枕即睡。因为小何吃得好、睡得好，所以小何的脸色很好，比大多数同龄的女生还要白净，整体看上去就是一个时尚小暖男。此外，小何的人缘极好，因为小何脾气温和，极少发火，好相处，有什么事总是跟大家好说好商量，所以周围的同事、朋友都很喜欢小何。

对待工作和职业发展，小何也是抱着随遇而安的心态。比如小何的第一份工作，当时小何是陪着同学一起去面试的，结果意外的是同学离开了，小何却留了下来。待了一段时间，小何发现他所在的公司是一家竞争性极强的公司，正纠结要不要离职，正好公司下属的子公司缺一个助理，领导觉得小何很合适，于是小何就调岗到了那家子公司任职，过了半年，小何的直属领导有了其他的职业发展机会，离开了公司。正当小何纠结下一步要怎么办的时候，恰好又有另外一个机会出现在了小何的面前，于是小何在没有完全想清楚的情况下就做出了选择，因为小何觉得他和未来要一起共事的项目经理很投缘。

小何没什么进取心，也不想破坏内心的平静。刚到目前这家公司的时候，小何曾经暗恋过一个销售部的女生，这个女生漂亮外向，努力上进，业绩极好，赚的钱是小何的两倍多。小何默默地陪在这个女生身边很久，一直都没敢表白。有一次，小何借着酒劲跟女生表白了，但女生很委婉地拒绝了他。事后，小何只是连续三天下班后借酒消愁，然后又像没事人一样继续做着女生的男闺密。

小何觉得爱情固然重要，但保持自己的生活节奏也很重要。在感情方面，小何一直比较被动，因为小何性情比较随和，又是个暖男，因此他的女人缘实际上是很好的。有的时候，在小何的周围，会有两三个女生都喜欢他，但小何不知道怎么选择。对于小何来说，相较于拒绝，选择是一件更加艰难的事情。小何尤其害怕冲突，因此只要是他觉得有好感的女生，通常是谁更主动、更热情、让他更没有压力、相处起来更舒服，他就会更倾向于接受谁。

在工作上，最近小何的事业突然迎来了一个转机——

他被临时叫去代班主持的项目的成效很好,获得了很多客户的好评。不到半年的时间,小何就已经成为现在所在的这家公司的骨干,收入也翻了倍。

小何觉得人生不必非得要有非常多的计划,随缘就好。即便这样,小何发现想过平静的生活还是好难!比如,最近小何的妈妈希望小何能够继续深造,而对他有好感的一个女生却希望和他一起创业。面对这种两难的处境,小何感到很苦恼。

我们可以通过表2-9来了解以小何为代表的九号和平型人的主要特征。

表2-9 九号和平型人的主要特征

维度	特征
核心欲望	渴望和平、和谐和内心的安宁,希望通过避免冲突和保持平静来获得内心的平和感。
核心恐惧	害怕冲突,担心与他人发生冲突或失去与他人的和谐关系。
在顺境中的表现	①稳定、平静和友善; ②喜欢与他人和睦相处; ③愿意为了维持和谐的关系而退让或妥协。

续表

维度	特征
在逆境中的表现	①可能会因为害怕面对冲突和问题而表现出消极和逃避的倾向； ②可能会试图逃避现实，而不是积极地面对问题和解决问题。
人际交往	①喜欢与他人和睦相处，避免发生冲突和摩擦； ②重视亲密关系和深层次的连接，愿意与那些能够给予自己安全感和支持的人建立亲密的关系。
沟通方式	①喜欢以平等平和的方式与他人交流； ②乐于倾听他人的意见和建议； ③愿意就解决问题与他人达成共识。
口头禅	①"让我们和平相处吧！" ②"我不想与任何人发生冲突。" ③"我们要想办法达成共识。"

结合小何的故事以及九号和平型人的主要特征，我们可以发现，九号和平型人通常是和善、包容的人，他们追求和谐与平静，但这种追求可能会带来一些问题和挑战。以下是九号和平型人需要注意的问题以及相应的建议。

第一，过度顺从、缺乏主见。九号和平型人可能会过度顺从他人，缺乏自己的主见和立场。建议九号和平型人培养自己的独立思考能力，学会表达自己的观点和需求，不要为了避免冲突而盲目妥协。换句话说，九号和平型人既要尊重他人的意见，也要维护自己的价值观和利益。

第二，过度沉迷于舒适区。九号和平型人可能会过度沉迷于舒适区，不愿意冒险尝试新事物和挑战自己。建议九号和平型人相信自己的能力，走出舒适区，勇敢面对新的挑战和机遇，这样可以促进个人的成长和发展。

第三，缺乏动力和目标。九号和平型人可能会因为过度追求舒适和安稳而缺乏明确的目标和动力。建议九号和平型人给自己设立清晰的目标并为实现目标付出努力，不要因为追求舒适而放弃自己的梦想和抱负。

第三章

看清幻象，拥抱富足

在人生的舞台上，我们每个人都是独特的主角，而了解自己的性格特点，是通往成功、幸福的第一步。通过认识自己，我们能够更好地选择适合自己的职业道路，与他人建立良好的人际关系，实现自由与富足。让我们一起踏上这段奇妙的探索之旅，拥抱更加充实、幸福的人生！

看穿性格的诡计

人的行为是由欲望驱动的。每一种性格类型的背后都隐藏着人的深层渴望。比如一号完美型人，他们的核心诉求就是追求完美，会因为生活中许多不完美的事物而感到沮丧；二号助人型人总是感觉自己缺爱，终其一生都在追求爱；三号成就型人追求成功，但许多三号成就型人从来不会觉得自己已经获得了成功，他们认为自己仍然在通往成功的路上；四号自我型人追求忠于自我，但他们时常觉得自己过的不是忠于自我的生活；五号思想型人想要成为专家，想要做全知者，但他们常常觉得自己很无知，想要彻底了解这个世界；六号忠诚型人追求安全感，但他们经常会发现危险和问题，觉得自己生活在一个危险丛生的世界里；七号快乐型人追求快乐和自由，但他们觉得生活中存在着各种各样的限制；八号控制型人的控制欲很强，但他们常常因为生活中的某些人或者某些事不受自己的控制而感到苦恼；九号和平型人追求平静的生活，但他们总觉得生活中存在着各种各样的矛盾与冲突。

我们必须认识到生活不是菜单，没有人可以挑挑拣拣。比如：一号完美型人必须知道生活从来都不是十全十美的，一味地追求完美只会自取其咎；二号助人型人必须明白爱与被爱并不是完全对等的，并不是你付出多少爱，就能得到多少爱；三号成就型人要懂得成功和失败永远都是生活的一体两面；四号自我型人需要意识到人生不存在绝对的自由，自由永远是相对的；对于五号思想型人来说，他们必须明白"吾生也有涯，而知也无涯"；六号忠诚型人一定要明白生活的真相就是不存在绝对的安全，只有拥有一颗勇于面对风险的心，才能有相对的安全感；七号快乐型人要明白痛苦和快乐从来都是如影随形的；八号控制型人需要清楚生活中有非常多的人和事是我们没有办法完全掌控的；九号和平型人需要早早意识到生活中的矛盾是不可避免的，生活一直安稳平静只能是我们的一种美好愿望。

只有当我们了解自己的性格类型，放下心中的执念，才能成为人间清醒的自己。比如：一号完美型人追求完美而不苛求完美；二号助人型人懂得付出但不执着于获得回报；三号成就型人追求成功，同时也能坦然接受失败；四号自我型人追求非凡，亦能享受平凡；五号思想型人既渴望全知，也能接纳自己的无知；六号忠诚型人既追求安全，也能坦然面对风险；七号快乐型人既追求快乐，也能接受痛苦；八号控制型人既能掌控大局，亦能放下控制的执念；九号和平型人既追求和平，又能沉着应对冲突。

委曲求全？NO！

真正的勇敢是看清生活的真相后，依然热爱生活。努力不执着，投入不沉迷。因此，当听到有人说"人生需要委曲求全"时，我是非常不赞同这个观点的。

我认为，这个世界从来就不提倡所谓的妥协与委曲求全，换句话说，委曲求全是个伪命题。那些真正伟大的人物，比如阿尔伯特·爱因斯坦、斯蒂芬·威廉·霍金、玛丽·居里（世称"居里夫人"）等，他们都遵从自己内心的声音，做了自己真正喜欢的事情。

我曾经看到过一张居里夫人的照片,她手里拿着一个小烧杯,神情非常专注。居里夫人为什么能几十年如一日地坚持做研究呢?难道是为了有一天得诺贝尔奖吗?我想,居里夫人并没有预知未来的能力,她之所以能坚持做研究,很大程度上是因为她热爱她所从事的这份事业,换句话说,居里夫人对她所从事的这份事业充满了热情。即使没有即时的反馈和激励,居里夫人也能完全沉浸在自己感兴趣的事情中,也就是说,居里夫人与她所从事的事业是高度匹配的。所以,我认为居里夫人的一生既是成功的,也是幸福的,她从事了自己热爱的事业,完成了自己的人生使命。所有顶尖的伟人,莫不如此。

那么,你现在过的是你最喜欢也最热爱的生活吗?

首先说工作,你有没有从事你最热爱并擅长的工作?这方面成功的代表是我们都熟知的一位知名舞蹈家。这位知名舞蹈家是一名女性,为了追求热爱的舞蹈,她放弃了组建家庭,将全部精力都倾注在了自己热爱的舞蹈上,一度还因为没有生孩子引发了"女人不生娃是不是不完整"的讨论。而这位知名舞蹈家对此的回应则是:"有人来到世界上是为了生儿育女，有人是为了追名逐利，而我是个生命的旁观者，只是为了看一棵树如何生长，一条河如何流淌。"所以，这位知名舞蹈家活出了她自己最喜欢的样子，也给世界创造了惊喜。

但很多人既没有这样的勇气，也抵御不了外在的压力。我认识一名很优秀的吉他老师，他年轻时的梦想是做一个吉他手。但他的妈妈觉得他当吉他手就不能养活自己，不如考音乐学院，做个音乐老师，起码能衣食无忧。后来他遵照妈妈的意愿，考上了音乐学院，毕业后成了一名公立学校的音乐老师。但他觉得不甘心，于是辞职办了吉他辅导班，成了一名吉他老师。虽然他最终实现了与吉他为伴的梦想，然而，做吉他老师和成为吉他手是两种完全不同的人生。

创业者也是同理。选择什么产品或者选择什么行业更能挣钱？这件事其实并没有定论，因为无论在什么行业、卖什么产品，都有人赚钱，也有人不赚钱。所以，对于大多数人而言，你首先要考虑的应该是你能够提供什么价值，你最喜欢的行业和产品是什么。你要选择那些能够给你带来价值感，或者能够让你感到兴奋的产品。此外，做生意找合伙人，除了要考虑每个人所拥有的资源和能力，还要考虑合作伙伴之间是不是志同道合，一群人在一起做事情有没有乐趣。

其次，在情感关系里，委曲求全其实更不适用。人的情绪是一股无形力量，当你的内心对某件事情并没有完全释然时，你只是把情绪暂时压下去罢了，但暂时压下去的情绪迟早会爆发出来，也必然会在你的身体上留下印记。换句话说，你会发现你之前压下去的情绪，会在某一天突然爆发，产生更大的影响。所以，在面临情感关系方面的矛盾或冲突时，委曲求全并不是最佳的解决方案。我们需要做的是直面问题，用正确的方式去沟通，用恰当的方式去疏解我们的情绪。在这个问题上，我给大家一个建议：在面对矛盾或冲突的时候，立场要坚定，态度要平和。我们完全可以用柔和的态度去坚持我们的立场。

永远不要委曲求全。每个人的一生，时间都是有限的，无论我们怎样委曲求全，到最后都是两手空空离开，问问自己：为什么不按照自己内心的想法来过好这一生呢？

追寻生命的全面富足

从某种程度上来说,我们学习九型人格的目的就是让自己的生活变得自由与富足,这也是我学习并传授九型人格的初衷。那么,什么是富足呢?富足通常包括三个维度,如图 3-1 所示。

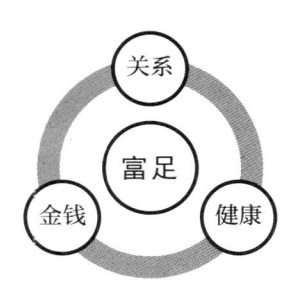

图 3-1 富足的三个维度

首先是金钱方面的富足。从一个自然人的角度来看,一个富足的人,他的财务状况肯定是良好的,既不能出现财务赤字,也不能有重大的财务风险。而从一个企业的角度来看,富足意味着企业的财务状况良好,有充裕的现金流。从性格的角度来说,不同性格的人有不同的财富观。很多人可能会认为,一个人的财运取决于机遇、能力,但真相很可能是取决于自己的财富观。中国有句古话叫性格决定命运，换个说法，其实就是性格决定财运。不同性格的人在财务方面有各自独特的瓶颈和局限，当你无法突破这些瓶颈和局限时，你就难以实现真正的财务自由。

其次是关系方面的富足。在所有关系当中，最基础的是自己和自己的关系，最核心的是两性关系，另外还有亲子关系、朋友关系、职场关系等等。不同性格的人，在关系认知与行为方面有不同的特点，也就是说，在如何处理关系上，不同性格的人面临着不同的问题。例如四号自我型人，他们总觉得别人不懂自己；而八号控制型人则总是觉得他人不受自己的控制。如何实现关系方面的富足与和谐？我认为，想要实现关系方面的富足与和谐，首先需要改变自己。人们常说：谁痛苦谁改变。在任何关系中，我们能真正控制的只有自己。只有改变自己，才能实现关系方面的富足与和谐。

最后是健康方面的富足。不同性格的人，有不同的健康风险。中国古人讲修身养性，意思就是要调节我们的情绪。养生的关键是养心。针对自己的性格，我们可以找到合适的调节方法,比如八号控制型人脾气暴躁、容易发火,可以去学太极。又比如四号自我型人,可以多参加一些户外活动,放松自己的身心,释放心中的情绪和压力。总之,我们可以综合运用多种方法,调整好自己的身心,实现健康方面的富足。

第二部分

实践篇

PART 2

　　生存、归属与爱,是我们每个人生而为人的基本追求,也是每个人的人生课题。

　　如何成为人间清醒的自己?只有了解自己的性格特点,扬长避短,树立正确的金钱观、事业观与婚恋观,我们才能实现生命的自由与富足。

第四章

清醒的金钱观

在当今社会，金钱在我们的日常生活中扮演着至关重要的角色，它不仅是我们生活的基础，也是我们追求梦想和实现目标的工具。然而，从九型人格的角度来看，不同性格类型的人往往有不同的性格特质，而这些性格特质在很大程度上塑造了人们对金钱的态度和行为。也就是说，对于不同性格的人来说，金钱所代表的意义是不一样的，人们对待金钱的态度和行为往往也是截然不同的。

关于消费观念冲突的三个故事

在现代社会中，消费不仅是满足个体需求的行为，也是展现个体价值观和性格特质的重要途径之一。从九型人格的角度来看，每个人在消费观念上都有着独特的偏好和倾向，这不仅会影响我们的购买决策，还会对我们与他人之间的关系产生较大影响。

我们先从一对夫妻的消费观念冲突谈起。开门见山地说，这对夫妻就是我和我丈夫，以下列举的三个故事，都是发生在我和我丈夫之间的真实案例。

第一个故事是关于我和我丈夫买东西的经历。当时，我们已经领了结婚证，新房也装修好了，于是我们就去市场购买日常生活所需要的东西。我记得当时我们打车到了市场之后，刚走了没有五百米，我丈夫就突然停下了脚步，指着某个摊位上一个外形非常普通的碗，说道："这种碗比较好，我们家用了很多年，大小合适，耐摔，手感也好。要不就买这种碗吧？"

对于我丈夫的想法和建议，我并不认同，因为我觉得我丈夫看中的碗虽然很实用，但是外形过于普通，并不符合我的审美和需求。于是我继续往前走，寻找我自己心仪的碗。没过多久，我就陆续看中了许多比较有设计感的碗——有的大到夸张，有的小巧别致。而我丈夫认为我看中的碗既不适合盛菜，也不适合盛汤，缺乏实用性。

第二个故事发生在我儿子五岁的时候。有一天，我和我丈夫带着儿子去商场，我们一进商场大门，儿子就指着哈根达斯的店，喊着要吃冰激凌。我丈夫却指着肯德基说，肯德基的冰激凌也很好吃，然而，儿子坚持要吃哈根达斯的冰激凌。于是，我们三个人进行了一番沟通。我丈夫试图向儿子解释，哈根达斯的冰激凌和肯德基的冰激凌是差不多的，没有必要花费超过十倍的金钱。但是五岁的儿子显然还不能理解价格差异背后的原因。而我认为，相较于金钱，个人的体验是很重要的，儿子只是想尝试哈根达斯，尽管价格较高，但他也不是经常吃，偶尔体验一次，能够丰富儿子的体验，对他的成长也有帮助。

第三个故事是关于旅游住宿的。每次我们家出门旅游，一个无法回避的话题总是会出现在我们的面前：晚上应该选择住经济型酒店、高档酒店还是具有特色的民宿？在这个问题上，我和我丈夫的意见相左，分歧颇大。随着儿子逐渐长大并参与讨论，这一分歧变得更为明显，因为儿子坚定地站在我这一边。记得有一年夏天，我们去云南旅行。晚餐时，我们三人就住宿问题产生了分歧。一方是我和我儿子，主张入住当地的特色民宿，如果找不到就住高档酒店。而我丈夫则主张住经济型酒店，埋头于手机，不厌其烦地比较各种经济型酒店的优劣。

在我们家，类似的分歧和事情还有很多。从九型人格的角度来看，我和我丈夫属于不同的性格类型，在消费观念方面存在着较大的差异。我是四号自我型，我的消费观念是感觉至上，为感觉买单。我的决策速度非常快，决策时主要依靠的是感觉。因此，我在花钱的时候常常是非理性的，比较冲动，不太考虑消费的必要性和购买商品的实用性。而我丈夫则是六号忠诚型，他在消费方面非常谨慎，倾向于选择稳定可靠的产品和服务，而不是尝试新的事物，尽量避免产生不必要的风险或浪费。

不同性格类型的消费观念

通过上述三个真实故事，想必读者对于不同性格类型的人在消费观念方面所呈现出的差异化特点已经有了较为直观的了解。在本小节，我总结了不同性格类型的消费观念和消费行为特点，供读者参考，希望能够帮助读者更深入地了解自己及他人的消费行为。

一号完美型人通常具有高度的自我要求和道德感，他们追求卓越和完美。一号完美型人的消费观念和消费行为反映了他们对品质、价值观和自我要求的关注，常常呈现出以下几大特征。一是注重产品的品质和耐用性。一号完美型人倾向于选择高品质的产品，他们会花费时间和精力去研究产品，确保产品的质量和耐用性符合他们的标准。二是保持节制和谨慎。一号完美型人通常会控制自己的消费行为，在消费之前通常会确定预算并仔细考虑，以确保自己的消费行为符合自己的价值观和长远目标，避免过度消费或浪费资源。三是追求符号性消费。尽管一号完美型人注重实用性和价值，但他们也会通过消费来表达自己的品位和价值观。他们可能会选择那些能够展现自己高尚品质和道德观念的产品或品牌。例如，他们可能会偏好那些注重环保、社会责任和公益活动的品牌，以展示自己的道德立场和社会价值观。

二号助人型人通常关注他人的需求，并倾向于通过自己的行为来满足他人的需求，以获得他人的认可和接纳。二号助人型人的消费观念和行为特点反映了他们对人际关系和情感连接的重视，常常呈现出以下几大特征。一是注重分享。二号助人型人在消费时可能更倾向于购买那些能够分享或给予他人的产品，通过赠送礼物或给予他人物质上的支持来表达对他人的关怀和爱意。二是考虑他人需求，即在消费时不仅仅考虑自己的需求，还会考虑他人的喜好和需求。三是追求共情和情感连接。二号助人型人可能会选择那些能够触动自己和他人情感的产品，以增强自己与他人的情感联系。例如，二号助人型人可能会与爱人、家人或朋友一起聚餐、旅行、观看演出等。四是重视人际关系和社交活动。二号助人型人通常重视人际关系，并且乐于参与社交活动，例如团体旅游等。五是寻求认可和接纳。二号助人型人通常希望通过自己的行为来获得他人的认可和接纳。因此，在消费时，他们可能会选择那些能够展示自己慷慨、乐于助人和善良品质的产品或服务，以赢得他人的喜爱和尊重。

三号成就型人通常注重个人成就和外在表现，倾向于通过获得成功来获取社会地位和他人的认可。三号成就型人的消费观念和行为特点反映了他们对成功的追求，以及对个人形象和地位的关注，常常具有以下几大特征。一是追求高品质和独特性。尽管三号成就型人可能会追求知名品牌和流行时尚，但他们也会注重产品的品质和独特性。他们可能会选择购买高品质的限量版产品，以彰显自己与众不同的品位和成功。二是注重个人形象。三号成就型人可能会花费较多的金钱购买高档护肤品、时尚服饰和配饰等，使自己始终保持出色的形象，展现自己的成功和自信。三是倾向于奢侈和享乐。由于三号成就型人追求成功和成就，他们可能倾向于奢侈和享乐的消费方式，例如购买价格昂贵的汽车、住奢华住宅等，以展现自己的成功和地位。四是追求即时的满足和成就感。三号成就型人通常追求即时的满足和成就感。他们可能会通过购买物品、享受服务等方式来获得短暂的快乐和满足感。

四号自我型人通常注重个人的情感体验和内在世界，倾向于通过自我表达来寻求他人的认可和理解。四号自我型人的消费观念和行为特点反映了他们对个性化、情感体验和内在世界的关注，常常具有以下几大特征。一是追求独特性和个性化。四号自我型人通常追求独特和个性化的消费品。他们倾向于选择那些能够反映自己个性和独特风格的产品或服务，而不是跟随主流趋势，例如，他们可能会购买艺术品、手工艺品、古董或有独特设计的产品，以展现自己与众不同的品位和风格。二是注重情感体验和意义。四号自我型人通常注重情感体验和内在意义。在消费时，他们可能会选择那些能够触动自己情感并带来深层意义的产品或服务。例如，他们可能会购买能够触动自己或启发思考的艺术作品、音乐、书籍等。三是追求自我表达和身份认同。四号自我型人倾向于通过消费来表达自己的个人身份和情感状态。他们可能会选择购买能够反映自己情感状态、人生经历或内在世界的产品，例如符合自己审美和情感偏好的服装、珠宝或装饰品，以展现自己独特的内在世界和身份认同。四是情绪性消费。由于四号自我型人通常注重情感体验和内在世界，因此他们可能会在情绪低落或受挫时通过购物来寻求心理上的安慰和满足感，具有情绪性消费的特征。五是追求美感和艺术性。在消费时，四号自我型人可能会选择那些能够满足自己对美的追求和欣赏的产品，如精美的艺术品、装饰品或家居用品。

五号思想型人通常喜欢独自思考，追求知识和智慧。五号思想型人的消费观念和行为特点反映了他们对功能性、实用性和知识的追求，常常具有以下几大特征。一是追求功能和实用性。相较于产品的外观或品牌，五号思想型人通常更注重产品的功能和实用性。他们倾向于选择能够满足自己需求和解决问题的产品，而不是追求奢侈或时尚，例如购买功能性强、质量可靠的产品。二是喜欢研究和比较。五号思想型人可能会花费大量时间在网上搜索并阅读相关评论，以获取更多的信息。他们可能会针对产品的功能、性能、价格等方面进行深入分析和比较，以确保自己做出明智的消费决策。三是重视产品的品质和耐用性。五号思想型人可能会对产品的材质、工艺、品牌信誉等方面进行仔细考量，选择购买高品质、经久耐用的产品，以确保其长期使用价值。四是理性且客观。五号思想型人通常倾向于以理性和客观的态度对待消费，避免受到情绪的影响，在消费时，五号思想型人可能会权衡利弊，并考虑长远的价值和影响，以确保自己做出明智的消费决策。五是追求知识和技术。五号思想型人倾向于购买能够满足自己学习和探索需求的产品或服务，例如书籍、培训课程、学习软件等。

六号忠诚型人通常表现出忠诚、责任感和勇敢，他们的消费理念和消费行为常常呈现出以下几大特征。一是注重安全感。六号忠诚型人可能会在消费中寻求安全感，倾向于选择能够提供安全感或稳定感的产品或服务，或者在消费决策过程中考虑未来的稳定性和可靠性。二是避免冒险。六号忠诚型人倾向于选择熟悉和可靠的产品或服务，而不愿意冒险尝试新的事物或品牌。换句话说，六号忠诚型可能会坚持购买他们熟悉和信任的产品，以避免不必要的风险和不安全感。三是信赖品牌。六号忠诚型人认为知名品牌提供的产品或服务具有更高的品质和可靠性，因此，六号忠诚型人在日常消费中可能会更愿意选择那些知名品牌提供的产品或服务，以确保自己的选择是明智和安全的。四是谨慎和节制。六号忠诚型人通常会在消费前仔细考虑和权衡利弊，以确保自己做出理性和明智的决策。例如，他们可能会确定预算并且严格控制自己的消费，避免冲动购物或过度消费。

七号快乐型人通常喜欢追求新的体验和刺激。七号快乐型人的消费观念和行为特点反映了他们对快乐和享乐的追求，常常具有以下几大特征。一是追求新奇和刺激。七号快乐型人通常喜欢尝试新的事物和体验，例如，七号快乐型人可能会选择购买新款产品、品尝新款美食、去陌生城市旅行等，以满足自己对新鲜感和刺激的追求。二是享受生活。七号快乐型人通常注重生活品质和生活乐趣。在消费时，他们可能会选择那些能够增添生活乐趣的产品或服务，以丰富自己的生活体验。三是追求自由和灵活性。七号快乐型人通常不喜欢被束缚和被限制。因此，在消费时，七号快乐型人可能会选择相对灵活的消费方式，例如，他们可能会选择购买可退换的产品或服务，以保持灵活性和自由度。四是热衷于购物和消费活动。由于七号快乐型人喜欢追求快乐和享乐，因此他们可能会花费大量时间在购物和消费上，寻找能够带来快乐和满足感的产品或服务，而不仅仅是满足实际需求。五是倾向于冲动消费。由于七号快乐型人追求快乐和刺激，因此他们可能会在情绪高涨或受到诱惑时冲动消费，花费过多的金钱。

八号控制型人通常具有领导能力和决断力，喜欢掌控局面并追求权力和影响力。八号控制型人的消费观念和行为特点反映了他们对权力和控制的追求，以及对产品质量和效率的重视，常常具有以下几大特征。一是喜欢权力象征。八号控制型人通常倾向于选择那些能够展现自己权力和地位的产品或服务。他们可能会购买高档汽车、名贵珠宝等昂贵物品，以彰显自己的财富和地位。对他们来说，这些物品不仅是消费品，也是权力和地位的象征。二是注重产品的品质和耐用性。八号控制型人可能会在购买产品时对产品的材质、工艺、品牌信誉等方面进行仔细考量，选择购买高质量、耐用的产品。三是偏爱直接和高效的购买方式。八号控制型人倾向于选择线上购物或直接与销售人员交易，以获得更快速、更便捷的购物体验，节省时间和精力。四是喜欢主导购买决策。由于八号控制型人习惯于主导局面和掌控权力，因此他们可能会在购物或消费过程中更加强调自己的意见和偏好，主导购买决策。

九号和平型人通常注重和谐与平衡，希望与他人和睦相处，避免冲突和紧张局势。九号和平型人的消费观念和行为特点反映了他们对和谐与平衡的追求，以及对舒适、安逸的偏好，常常具有以下几大特征。一是偏好舒适和安逸。九号和平型人可能会选择购买能够提供舒适和安逸感的产品或服务，例如舒适的家具、柔软的床品等，以创造舒适的生活环境和氛围，满足自己的需求。二是倾向于避免冲突和压力。九号和平型人倾向于选择环境舒适、服务态度友好的消费场所，以获得良好的消费体验。三是注重性价比。九号和平型人在购物或消费时喜欢货比三家，选择购买具有较高性价比的产品或服务，以确保自己的消费物有所值。四是偏好简单和实用。九号和平型人以满足自己的日常需求为目标，倾向于追求简单和平静的生活方式，相较于过于复杂或烦琐的产品，他们可能会选择购买功能性强、简约实用的产品。五是考虑他人的需求和感受。九号和平型人在消费时不仅会考虑自己的需要，还会考虑他人的喜好和偏好，倾向于选择那些能够满足家人或朋友需求的产品或服务，以体现自己的关心和体贴。

如何更好地管理自己的财富

不同性格的人有着不同的投资理财观念，只有认清自己，了解自己在投资理财方面的特点，我们才能在投资理财时扬长避短，有的放矢。接下来，我将围绕投资理财这个主题，详细阐述不同性格的人在投资理财方面的优势与劣势，并针对不同性格的人的特点给出相应的建议。读者可以根据自身情况，参照建议，适当调整自身的投资理财行为。

一号完美型

一号完美型人通常被认为是有目标、有计划、有责任感和自律性强的人。从九型人格的角度来看,一号完美型人在投资理财方面有一些独特的优势和劣势,如表4-1所示。

表4-1 一号完美型人在投资理财方面的优势与劣势

优势	劣势
①目标明确:一号完美型人通常有清晰的目标,并且有动力去实现这些目标。 ②自律性强:一号完美型人通常很自律,能够坚持执行计划和策略,不容易受到市场波动或其他诱惑的影响。 ③谨慎和稳健:一号完美型人倾向于做出谨慎和稳健的决策,他们会花时间研究和评估投资选择,以确保投资目标和行为符合他们的价值观。	①过度谨慎:有时候,一号完美型人可能会因为过度谨慎而错失一些潜在的投资机会。 ②过度自信:尽管一号完美型人有目标且自律性强,但有时候他们也可能会因为过度自信而忽视一些风险因素或者不愿意接受他人的建议,这可能会导致他们在投资决策上犯错。 ③情绪化决策:尽管一号完美型人通常能够保持冷静和理性,但是当他们面临较大的市场波动或者投资损失时,他们也可能会变得情绪化,从而做出不明智的投资决策。

结合一号完美型人在投资理财方面的优势与劣势，建议一号完美型人在投资理财时注意以下几点。一是制订清晰的投资理财计划，即一号完美型人需要在投资理财前明确目标和制订计划，并且在投资理财的过程中坚定执行事前制订的计划。二是保持谨慎但不害怕风险，即一号完美型人在保持适度谨慎的同时不要害怕承担一定的风险。在投资理财实践过程中，一号完美型人可以考虑分散投资，以降低风险。三是接受他人的建议。一号完美型人虽然倾向于相信自己的判断，但也应该接受他人的建议和意见。例如，寻求专业投资顾问的建议或者和其他投资者交流经验，可以帮助一号完美型人更全面地评估投资选择。

二号助人型

二号助人型人通常被认为是关心他人、慷慨、善解人意和擅长合作的人。从九型人格的角度来看，二号助人型人在投资理财方面有一些独特的优势和劣势，如表 4-2 所示。

表4-2 二号助人型人在投资理财方面的优势与劣势

优势	劣势
①拥有广泛的人际关系网络：二号助人型人擅长与人相处，通常拥有广泛的社交圈，这使得他们能够获取更多的信息和机会，从而做出更明智的投资理财决策。②善于观察：二号助人型人通常对人的情感状态和需求有较强的观察力，这使得他们在分析市场趋势和市场情绪方面有一定优势，能够更好地把握投资时机。③重视合作：二号助人型人擅长与他人合作，他们可以通过合作与他人共同投资或者参与投资团队，从而与他人分担风险，分享收益。	①过度关注他人需求：有时候二号助人型人可能会因为过度关注他人的需求，而忽视了自己的财务状况和投资目标，进而在投资理财方面做出不理性的决策或选择。②避免冲突：二号助人型人倾向于避免冲突和不愉快的局面，这可能使他们在投资决策中过于谨慎，从而错失一些潜在的投资机会。③过度依赖他人意见：二号助人型人可能会因为过度依赖他人的意见而忽视了自己的判断能力，这可能导致他们在投资理财决策方面失去独立性。

结合二号助人型人在投资理财方面的优势与劣势，建议二号助人型人在投资理财时注意以下几点。一是保持平衡，即在投资理财过程中保持平衡，不仅要关心他人的需求，也要关注自己的财务状况和投资目标。二是要加强财务知识的学习，通过学习和培训来增加自己的财务知识，

提高自己的决策能力。三是寻求专业建议。尽管二号助人型人擅长与他人合作,但在投资理财方面仍然需要寻求专业人士的建议。他们可以考虑咨询财务顾问或者参与投资培训课程,以获取更全面的投资理财信息和建议。

三号成就型

三号成就型人通常被认为是自信、目标导向、有进取心和富有竞争力的人。从九型人格的角度来看,三号成就型人在投资理财方面有一些独特的优势和劣势,如表 4-3 所示。

表 4-3　三号成就型人在投资理财方面的优势与劣势

优势	劣势
①目标导向：三号成就型人通常拥有清晰的目标和雄心壮志，他们愿意为了实现自己的目标而努力奋斗。 ②有自信且决断力强：三号成就型人通常非常自信，不容易受到外界影响，有能力在面临挑战和压力时果断做出决策。 ③适应能力强：三号成就型人通常具有很强的适应能力，能够根据不同的市场情况和变化，及时调整策略，从而在不同的市场环境中取得成功。	①过度追求成功和他人的认可：三号成就型人有时候可能会过度冒险或者投机，以获取更高的回报，这可能导致他们在投资理财中承担过高的风险。 ②缺乏耐心：三号成就型人通常追求快速的成功和回报，这可能导致他们在投资理财过程中过于急躁，易做出冲动的决策。 ③忽视长期目标：三号成就型人通常非常关注自己的外在形象和表现，有时候可能会因为过于关注短期的市场表现而忽视了长期目标。

结合三号成就型人在投资理财方面的优势与劣势，建议三号成就型人在投资理财时注意以下几点。一是制订长期计划。三号成就型人需要意识到投资理财是一个长期的过程，而不是一蹴而就的事情。因此在投资理财前要制订长期计划，并在投资理财过程中坚持执行这些计划。二是保持冷静和理性，三号成就型人在投资理财过程中要学会保持冷静和理性，控制自己的情绪，不要做出过度冒险

的决策。三是关注内在价值而非外在表现。建议三号成就型人关注投资的长期价值而不是短期的市场表现。也就是说，三号成就型人需要审慎评估投资选择，并且确保做出的投资决策符合自己的价值观和目标。

四号自我型

四号自我型人通常被认为是敏感、富有创造力、追求独特性和个人价值的人。从九型人格的角度来看，四号自我型人在投资理财方面有一些独特的优势和劣势，如表4-4所示。

表 4-4　四号自我型人在投资理财方面的优势与劣势

优势	劣势
①具有较强的市场敏感性：四号自我型人通常对市场变化和趋势有很强的敏感性，能够捕捉到一些被其他人忽视的投资机会。 ②独特的视角和创造力：四号自我型人可能会有独特的投资理念和创造性的投资策略，这使得他们能够在投资中找到一些与众不同的机会，并且创造出不同于他人的投资组合。 ③坚持自我：四号自我型人通常有很强的自我意识和自我价值感，不容易受到外界影响，这使得他们能够在投资中坚持自己的价值观和目标，并且不会被市场情绪所左右。	①情绪化：四号自我型人通常情感丰富且敏感，他们在面对市场波动或者投资损失时可能会变得情绪化，从而做出不理性的决策。 ②过度追求独特性：有时候，四号自我型人可能会因为过度追求独特性和个性化而忽视了投资的基本原则和规律，这可能导致他们会选择一些高风险的投资项目。 ③缺乏耐心：四号自我型人可能会因为追求刺激和快速回报而在投资过程中表现得过于急躁，缺乏耐心，从而错失一些长期投资机会。

结合上述四号自我型人在投资理财方面的优势与劣势，建议四号自我型人在投资理财时注意以下几点。一是保持情绪稳定。建议四号自我型人在投资理财过程中通过冷静思考和理性分析来应对市场波动和投资损失，控制自己的情绪。二是平衡独特性和稳定性。四号自我型人可以

选择具有一定风险但又符合投资规律的投资项目，而不是因为盲目追求独特性而忽视了风险管理。三是建立长期投资计划。四号自我型人需要建立长期投资计划，并且坚持执行这些计划，以实现长期稳定的投资回报。

五号思想型

五号思想型人通常被认为是理性、观察力强、喜欢独立思考和追求知识的人。从九型人格的角度来看，五号思想型人在投资理财方面有一些独特的优势和劣势，如表4-5所示。

表4-5 五号思想型人在投资理财方面的优势与劣势

优势	劣势
①擅长思考和分析：五号思想型人通常会花时间研究市场趋势、公司业绩和财务数据，对投资标的进行全面而深入的思考和分析，以做出理性的投资决策。 ②理性和客观：五号思想型人喜欢独立思考和探索，不容易受到他人的影响，这使得他们在投资理财中能够保持理性和客观，不会被市场情绪所左右。 ③不断学习：五号思想型人对知识的追求使得他们愿意不断更新自己的投资知识和技能，主动学习和探索新的投资领域和策略，以应对不断变化的市场环境。	①过度分析：有时候五号思想型人可能会陷入过度分析的泥沼中，因为犹豫不决而错失潜在的投资机会。 ②过度理性：有时候五号思想型人可能会因为过于理性和客观而忽视了市场的情绪和人性因素，从而导致他们在投资理财过程中缺乏灵活性和应变能力。 ③缺乏行动力：五号思想型人有时候可能会缺乏行动力，不愿意迅速做出决策，这可能导致他们错失一些市场机会。

结合上述五号思想型人在投资理财方面的优势与劣势，建议五号思想型人在投资理财时注意以下几点。一是避免犹豫不决。建议五号思想型人设定一个合理的时间框架，要求自己在一定时间内做出决策，避免长时间的犹豫不决。二是关注市场情绪和人性因素。建议五号思想型

人在重视理性和客观分析的同时，关注市场情绪和人性因素，学会分析市场的情绪和趋势，以便更好地把握投资时机。三是多样化投资。五号思想型人可以考虑多样化投资，以降低投资风险并实现长期稳定的投资回报。

六号忠诚型

六号忠诚型人通常具有稳定可靠、谨慎小心的特点。从九型人格的角度来看，六号忠诚型人在投资理财方面有一些独特的优势和劣势，如表4-6所示。

表4-6 六号忠诚型人在投资理财方面的优势与劣势

优势	劣势
①注重风险管理：对于未知和风险，六号忠诚型人倾向于采取谨慎的态度，在投资理财中，他们倾向于选择相对稳健的投资产品或投资策略，从而降低投资风险。 ②保持冷静和理性：在面对投资亏损或者市场波动时，六号忠诚型人能够理性分析市场情况和趋势，并且根据实际情况做出相应的投资决策，不会因为受到情绪的影响而做出不理性的行为。 ③注重安全感和稳定性：六号忠诚型人擅长规划和预防风险，换句话说，他们会考虑可能出现的不利情况，并采取相应的措施来应对，从而尽可能地规避风险。	①过度谨慎：六号忠诚型人可能会因为过分担心投资风险而选择过于保守的投资产品或策略，从而错失了一些潜在的高收益投资机会。 ②缺乏决断力：在面对投资决策时，六号忠诚型人可能会因为缺乏自信而犹豫不决，从而错失一些潜在的投资机会。 ③缺乏灵活性和适应性：在面对市场波动或变化时，六号忠诚型人可能会因为害怕改变而无法做出及时的调整，进而影响收益。

结合上述六号忠诚型人在投资理财方面的优势与劣势，建议六号忠诚型人在投资理财时注意以下几点。第一，保持开放的心态和适度的灵活性。六号忠诚型人可以在理性分析市场情况和趋势的前提下，保持一定的灵活性，根据实际情况调整投资策略和计划，以适应市场的变

化和挑战。第二，培养决策能力。六号忠诚型人可以通过积极学习和实践，提升自己的决策能力和投资能力，例如参加投资培训课程、阅读相关的投资书籍、与其他投资者交流经验等。第三，注意风险管理和多样化投资。六号忠诚型人可以在注意风险管理的基础上，采取适度的多元化投资策略。换句话说，他们可以选择不同类型的投资产品或者不同行业的股票来分散投资风险，并获得一定的投资回报。

七号快乐型

七号快乐型人通常具有积极乐观的态度，富有创意和灵活性。从九型人格的角度来看，七号快乐型人在投资理财方面有一些独特的优势和劣势，如表4-7所示。

表4-7 七号快乐型人在投资理财方面的优势与劣势

优势	劣势
①乐观的心态：七号快乐型人通常具有乐观的心态，这使得他们在投资理财时能够看到市场的积极方面，对未来充满信心。 ②富有创意和想象力：七号快乐型人通常富有创意和想象力，在投资理财时，他们不会被固有的思维模式所束缚，可能会尝试各种不同的投资策略和方法，以获取最大收益。 ③乐于接受风险：七号快乐型人通常愿意尝试一些高风险高回报的投资项目，这使得他们有机会获得更高的投资回报。	①缺乏耐心：七号快乐型人可能会因为缺乏耐心而难以长期坚持一项投资计划，从而无法获得持续且稳定的投资收益。 ②冲动性决策：七号快乐型人可能会受到市场情绪或者投资热点的影响，做出不理性的投资决策，导致投资亏损或者无法实现预期的投资目标。 ③风险管理不足：七号快乐型人可能会因为过于乐观而集中投资于高风险资产，导致风险过高，进而产生不可估量的损失。

结合上述七号快乐型人在投资理财方面的优势与劣势，建议七号快乐型人在投资理财时注意以下几点。第一，建立长期规划，培养耐心。投资是一个长期的过程，七号快乐型人可以通过设定目标、制订长期计划、定期复核计划等方式来帮助自己培养耐心。第二，理性思考和理性决策。在实际的投资理财过程中，七号快乐型人可以通过深入分析和研究市场情况、遵循投资原则和策略、及时

寻求专业建议等方式来帮助自己做出理性的投资决策，避免不理性的行为。第三，保持乐观的心态但不忽视风险。尽管乐观的心态对于投资而言是有益的，但七号快乐型人也需要理性评估风险，并采取相应的措施来规避和管理风险。例如，七号快乐型人可以考虑多元化投资，通过分散投资来降低风险，实现长期稳定的投资回报。

八号控制型

八号控制型人通常被认为是坚定、自信、果断和富有领导力的人。从九型人格的角度来看，八号控制型人在投资理财方面有一些独特的优势和劣势，如表4-8所示。

表 4-8　八号控制型人在投资理财方面的优势与劣势

优势	劣势
①果断的决策能力：八号控制型人通常能够快速做出决策，在投资领域，他们往往能够迅速抓住市场变化带来的机遇，不会因为犹豫不决而错失投资机会。 ②坚定的执行力：一旦做出了决策，八号控制型人就会坚定地执行，不容易受到外界因素的干扰，能够长期持续地执行自己的投资计划。 ③自信且富有领导力：八号控制型人通常非常自信，并且具有领导能力，能够影响他人并带领团队取得更好的投资回报。	①过度自信：有时候，八号控制型人可能会因为过度自信而忽视市场的不确定性和风险，这可能导致他们在投资过程中做出过于冒险的决策，从而造成损失。 ②决策过于独断：八号控制型人倾向于独断专行，不愿意倾听他人的意见和建议，从而可能忽视一些重要的信息或者风险因素。 ③情绪波动影响投资决策：当面临较大的市场波动或投资亏损时，八号控制型人有可能会变得焦虑、愤怒或沮丧，从而做出错误的投资决策。

结合上述八号控制型人在投资理财方面的优势与劣势，建议八号控制型人在投资理财时注意以下几点。第一，保持开放心态，倾听他人建议。八号控制型人不要因为过度自信而忽视他人的意见和建议，他们可以寻求专业投资顾问的建议或者与其他投资者交流经验，以获取更全面的投资信息和建议。第二，建立风险管理机制。在投资

理财过程中，八号控制型人可以建立风险管理机制，通过设定止损点、定期重新评估投资组合、控制杠杆比例等措施，尽可能地降低投资风险。第三，保持冷静和理性思考。面对市场波动或投资亏损时，八号控制型人需要冷静分析和理性判断，不要轻易做出决策。

九号和平型

九号和平型人通常被认为是和善、温和、追求和谐的人。从九型人格的角度来看，九号和平型人在投资理财方面有一些独特的优势和劣势，如表4-9所示。

表 4-9　九号和平型人在投资理财方面的优势与劣势

优势	劣势
①平和的心态：九号和平型人通常能够保持平和的心态，不容易受到市场波动和情绪的影响，这使得他们在投资理财中能够做出较为理性的决策。 ②追求稳定和安全：九号和平型人通常追求稳定和安全，倾向于选择较为稳健的资产，如债券等，这使得他们的投资较为安全，能够获得稳定且持续的回报。 ③善于倾听他人意见：在投资理财过程中，九号和平型人愿意倾听他人的意见或建议，以获取更全面的信息，从而做出更好的投资决策。	①缺乏野心和冒险精神：九号和平型人比较倾向于安于现状，不愿意改变或者尝试新的投资方式，缺乏足够的动力去追求更高的投资回报和更好的投资结果。 ②容易受到他人的影响。九号和平型人有可能会过分依赖他人的建议而忽略自己的实际情况和判断能力，从而做出不适合自己的投资决策。 ③过度谨慎导致错失机会：九号和平型人对风险较为敏感，倾向于采取较为保守的投资策略，不愿意承担一些必要的风险，可能会错失一部分潜在的投资机会。

结合上述九号和平型人在投资理财方面的优势与劣势，建议九号和平型人在投资理财时注意以下几点。第一，适度冒险。九号和平型人可以尝试一些有一定风险但在自己风险承受能力范围内的投资方式，以获取更好的投

资回报。第二，培养决策能力。在投资理财过程中，九号和平型人需要明确自己的目标和原则，不要因为过分依赖他人的建议而做出不适合自己的决策。

第五章

清醒的事业观

在当今竞争激烈的职场环境中,了解自己和他人的性格特点是取得成功的关键之一。在职场中,人们表现出不同的性格特征和行为方式,这种多样性既给企业和个人带来了挑战,同时也为个人发展和团队合作提供了机会。

九型人格理论提供了一个深入理解个体性格特征和行为方式的框架,为职场中的人际沟通和团队合作提供了宝贵的参考。本章将深入探讨九型人格理论在职场中的应用，帮助读者更好地了解自己、理解他人，从而在职场中取得更大的成就。

找到适合自己的工作

在职场中，每个岗位都有自己的特点，对于岗位从业人员也有相应的要求。比如，财务岗需要严谨认真的人，销售岗需要目标感强的人。出于各种原因，许多人从事的工作可能并不是自己擅长的，这常常导致许多人在职业发展过程中遇到发展瓶颈。更为遗憾的是，当大多数人意识到这一点时，他们往往已经步入中年，即便内心充满不甘和遗憾，也很难找到突破困境、重新翻身的机会。

从个人职业发展的角度来说，学习九型人格，了解我们自身的性格特点，进而找到能够充分展现自身性格优势的工作岗位，就显得非常必要且重要了。

九型人格理论对于个人的职业发展具有重要的指导作用。首先，九型人格理论可以帮助个人更好地了解自己的优势、劣势。这种自我认知有助于指导个人做出更明智的选择，找到适合自己的职业道路。其次，九型人格理论有助于个人明确自己的职业定位和职业发展方向。不同性格类型的人适合不同类型的工作环境和职业。例如，三号成就型人可能更适合有机会获得较大成就的职业。因此，通过九型人格理论，个人可以更好地了解自己适合哪种类型的工作，从而有针对性地寻找合适的职业机会。最后，提升个人的职业满足度和幸福感。具体来说，选择与自己的性格特点相符合的职业可以增加个人的职业满意度和幸福感。当个人的工作与其价值观、兴趣和天赋相契合时，他们更有可能在工作中获得满足感和成就感。

因此，基于九型人格理论，我针对每种性格类型的性格特点，给出了每种性格类型可能适合的工作或职业，供读者参考。希望读者可以找到符合自身性格特点的工作，让自己工作得更舒适、更高效，获得更大的职业发展成就。

一号完美型人通常具有较强的责任感，他们倾向于追求卓越和完美，在工作中往往表现出追求完美、有条理性、责任感强、自我要求严格、善于计划和组织等特点，适合从事一些需要高度自律、注重细节的职业，如管理顾问、项目经理、会计师、律师、医生等。

二号助人型人通常具有较强的社交技能和同理心，他们善于倾听、支持他人，并乐于为他人着想，适合从事一些需要与人打交道、帮助他人、倾听和支持他人的职业，如社会工作者、心理咨询师、人力资源专员等。

三号成就型人喜欢挑战自己，追求成就和认可，适合从事一些需要竞争力、自信和追求成功的工作。其中，具有代表性的职业主要包括销售、企业管理者、金融分析师、媒体人等。

四号自我型人通常具有较强的情感表达能力和创造力，他们倾向于追求独特性，表现出情感丰富、富有创造力、追求个性化和独特性、善于表达情感等特点，适合从事一些需要创造性、表达能力和情绪感染力的职业，如艺术家、设计师、心理学家、演员、记者等。

五号思想型人通常具有较强的洞察力、分析能力和创新思维，他们喜欢独立思考，表现出好奇心强、分析能力强、追求知识等特点，适合从事一些需要思考和分析能力并能满足他们对知识追求的工作。其中，具有代表性的职业主要包括科研人员、数据分析师、技术专家、编辑、咨询顾问、教育工作者等。

六号忠诚型人重视安全感和稳定性，并倾向于遵循规则和保护他人，通常表现出忠诚、可靠、稳定、负责任和注重安全等特点，适合从事一些需要稳定性、负责任和团队合作的工作。其中，具有代表性的职业主要包括行政助理、客户服务代表、项目协调员、安全专家等。

七号快乐型人喜欢寻求新鲜感和快乐体验，通常表现出乐观、充满活力、好奇心强、适应能力强和具有冒险精神等特点，适合从事一些需要创新能力、灵活性的工作。其中，具有代表性的职业主要包括活动策划、培训讲师、创业者等。

八号控制型人倾向于追求权力和控制感，通常表现出自信、果断、坚定、领导力强、控制欲强、决断力强等特点，适合从事一些需要领导能力和决策能力的工作。其中，具有代表性的职业主要包括企业管理者、军队指挥官、律师、项目经理、咨询顾问等。

九号和平型人倾向于避免冲突，追求和谐与平静的生活，通常表现出平和、包容、稳定等特点，适合从事一些需要和谐与稳定的工作。其中，具有代表性的职业主要包括社会工作者、人力资源专员、教育工作者、医护人员等。

如何赢得不同性格类型领导的赏识？

在职场中，与领导保持良好的关系至关重要，这不仅能够提高个人的工作效率，还能帮助个人获得更好的职业发展。换句话说，与领导保持良好的关系能够帮助你获得更多的资源支持和发展机会，在职场中取得更多的成功。

在讲述如何赢得不同性格类型领导的赏识前，我们首先需要了解不同性格类型领导的领导风格。基于九型人格相关知识，我总结了不同性格类型领导的领导风格，如表5--1所示，供读者参考。

表 5-1 不同性格类型领导的领导风格

性格类型	领导风格
一号 完美型	①注重细节。一号完美型领导往往会花费大量时间和精力来确保每一个工作细节都达到标准,并且符合他们的期望。 ②高标准,严要求。一号完美型领导往往会设定较高的工作标准,并期望自己和团队成员都能达到这些标准。 ③清晰的沟通。一号完美型领导通常会根据工作目标制订详细的计划和时间表,并与团队成员沟通,以确保团队中的每个人都明白任务目标的重要性和关键任务的时间节点。 ④严格但公正。虽然一号完美型领导对团队成员的要求可能会比较严格,但一号完美型领导通常会保持公正和客观,他们通常以任务完成的准确性和质量为导向,不会因为个人喜好或情感因素而偏袒某个团队成员。 ⑤期望团队成员能够追求卓越。一号完美型领导会为团队成员提供资源和支持,鼓励团队成员发挥自己的潜力,追求卓越。

续表

性格类型	领导风格
二号 助人型	①关注团队成员的需求和情感。二号助人型领导常常会花时间倾听团队成员面临的问题、挑战和需求，并尽力提供支持和帮助，努力营造一个互帮互助的团队氛围。 ②倾听和沟通。二号助人型领导常常会鼓励团队成员分享他们的感受，给团队成员提供机会表达他们的想法和意见，并确保每个人的想法和意见都能被听到并得到尊重，以促进团队合作，提升团队凝聚力。 ③解决冲突，促进和谐。面对团队内部的矛盾或冲突，二号助人型领导常常会采取包容的态度，扮演中间人角色，解决团队成员之间的分歧和矛盾。 ④关注团队的整体发展。二号助人型领导不仅会为团队成员提供培训和发展机会，以帮助团队成员提升技能和能力，还会鼓励团队成员相互支持和合作，以实现共同的目标和愿景。

续表

性格类型	领导风格
三号 成就型	①目标导向，关注结果和成就。三号成就型领导通常会设定明确的目标，并通过提供奖励、树立榜样、展示成功案例等方式来激发团队成员的积极性和动力，努力实现目标。 ②强调团队合作。三号成就型领导通常比较重视团队合作，他们会努力建立积极的团队文化，强调团队的价值和意识，并确保每个团队成员都能发挥他们的优势和潜力。 ③对变化持开放态度。在面对变化和挑战时，三号成就型领导常常能够迅速调整方向并采取行动，以适应不断变化的市场和竞争环境，同时鼓励团队成员对变化持开放态度，确保团队能够保持竞争力和创新力。
四号 自我型	①情感化和自我表达。四号自我型领导倾向于表达自己的情感和感受，对团队成员展示自己的真实情感和脆弱性，与团队成员建立情感上的联系。 ②尊重团队成员的独特性。四号自我型领导常常会鼓励团队成员表达自己独特的想法和观点，重视每个团队成员的个体差异和需求，可能会根据每个人的兴趣、技能和动机制订个性化的发展计划。 ③激发团队成员的创造力和想象力。四号自我型领导常常会鼓励团队成员尝试新的想法和方案，以激发团队成员的创造力和想象力。

续表

性格类型	领导风格
五号 思想型	①重视思考和分析。五号思想型领导常常会鼓励团队成员通过事实和逻辑来分析问题，以挖掘问题的本质并做出理性的决策。 ②鼓励学习。五号思想型领导通常会为团队成员提供资源和机会，鼓励团队成员不断学习和提升自己的能力，营造一个鼓励探索和创新的团队文化氛围。 ③强调独立性和自主性。五号思想型领导可能会给团队成员提供足够的自由度和空间，鼓励团队成员自主解决问题，让他们发挥个人才能和创造力，并在必要的时候提供支持和指导。
六号 忠诚型	①注重稳定性。六号忠诚型领导倾向于成为团队的支柱，努力确保团队的稳定，为团队成员提供安全感和稳定性。 ②诚实、可靠和负责任。六号忠诚型领导通常会表现出诚实、可靠和负责任的领导风格，尽职尽责地完成任务，并对团队的表现负起责任。 ③重视团队的力量。在面对挑战时，六号忠诚型领导可能会鼓励团队成员相互支持，共同应对问题，并通过团队的力量来克服困难。

续表

性格类型	领导风格
七号 快乐型	①积极乐观。七号快乐型领导通常会以充满活力的姿态面对工作，并鼓励团队成员保持乐观的心态，克服工作上的困难。 ②鼓励创新。七号快乐型领导可能会营造一个相对宽松的工作氛围，并为团队成员提供资源支持，鼓励团队成员尝试新的想法和方法，以解决问题和实现目标。 ③注重团队凝聚力。七号快乐型领导可能会定期组织团建活动，鼓励团队成员共享快乐和成功的时刻，增强团队的凝聚力和向心力。 ④坦诚沟通。七号快乐型领导可能会营造一个开放的沟通氛围，积极与团队成员交流，鼓励团队成员表达自己的观点和想法。
八号 控制型	①以直接和坦诚的方式进行沟通。八号控制型领导通常会直言不讳地表达自己的想法和意见，并期待团队成员也能以同样的方式与他们交流，他们可能会欣赏团队成员的直率和坦诚，并鼓励团队成员勇于表达自己的观点和想法。 ②鼓励团队成员追求卓越。八号控制型领导喜欢挑战和竞争，可能会为团队和团队成员设定具有挑战性的目标，鼓励团队成员追求卓越，以激发团队的潜力和创造力。 ③行事风格较为直接。八号控制型领导常常具有较强的控制欲和支配欲，希望能够掌控团队的方向和决策，有时可能会采取直接和果断的方法来影响团队成员。

续表

性格类型	领导风格
九号 和平型	①重视团队氛围。九号和平型领导倾向于营造一个关系融洽的工作环境，在面对矛盾和冲突时，倾向于寻求各方之间的共识和平衡，充当调解者的角色，促进团队成员之间的沟通和理解，有效化解团队内部的冲突和分歧。 ②管理方式较为宽松。九号和平型领导愿意倾听团队成员的意见和想法，并给予团队成员足够的空间和自由，以激发团队成员的潜力和创造力。

结合表5-1所总结的不同性格类型领导的领导风格，面对不同性格类型的领导，下属要注意的点是不同的。

在与一号完美型领导的相处过程中，下属要注意以下几点。第一，保持谦虚和努力，这可以说是与一号完美型领导相处的关键，因为一号完美型领导通常会比较欣赏那些能够承认错误并努力改进的下属。第二，在工作过程中应该定期征求一号完美型领导的意见，并及时报告工作进展。第三，寻找与一号完美型领导的共同点，不要轻易否定一号完美型领导的想法和意见。第四，考虑到一号完美型领导对不同意见的容忍度较低，下属应该掌握良好的沟通技巧，避免直接指责领导。第五，积极配合并支持一号完美型领导的行动，以赢得一号完美型领导的信任和支持。

在与二号助人型领导的相处过程中，下属要注意以下几点。第一，二号助人型领导愿意在工作、生活、情感等方面关心和指导下属，因此，在遇到问题时，下属可以主动请求二号助人型领导的帮助。第二，二号助人型领导擅长发现下属的潜力，下属应当在接受二号助人型领导的指导时表达感激之情。第三，二号助人型领导易受他人和情感的影响，有时会处于喜怒无常的状态，对此，下属应给予理解和支持。第四，下属可以表现出与人为善、注重情感的品质，从而赢得二号助人型领导的欣赏与信任。

在与三号成就型领导的相处过程中，下属要注意以下几点。第一，以三号成就型领导为楷模，快速学习并提升工作业绩。第二，展现出工作勤奋、以事业为重的特质，以期获得三号成就型领导的欣赏与重用。第三，表现出对三号成就型领导的钦佩之情，以激发三号成就型领导分享成功经验的愿望。第四，当三号成就型领导指明工作方向，下达工作指令时，应当立即跟随行动。第五，要展示自身的工作能力，并适时将成绩归功于三号成就型领导的指导。第六，若希望三号成就型领导能够倾听自己的意见，就要表现出对其的尊敬，并清晰地表明自己的建议能够帮助其更好地实现工作目标。

在与四号自我型领导的相处过程中，下属要注意以下几点。第一，真实地展现自己，表达自己的真实情感，并在合适的时候请求四号自我型领导在情感方面给予支持。第二，充分理解四号自我型领导的意图，并在其遭遇情绪方面的困扰时，给予其时间和空间进行自我调整。第三，不要提过于直接的建议，以免影响四号自我型领导的心情。第四，欣赏并认同四号自我型领导在工作中展现出的理想主义。

在与五号思想型领导的相处过程中，下属要注意以下几点。第一，与五号思想型领导进行沟通时，下属应展现出尊重的态度，以平和的心态向五号思想型领导阐述事实和道理。第二，在工作过程中，下属应主动向五号思想型领导提供内容全面的书面信息，以赢得五号思想型领导的信任。第三，言行一致，以获得五号思想型领导的信任。第四，五号思想型领导通常只做最低限度的管理，因此下属须独立完成工作任务。第五，下属若能承担更多与人接触的工作，替五号思想型领导分忧，有可能可以赢得五号思想型领导的好感。第六，在五号思想型领导不愿采取实际行动时，下属可以主动承担责任或协助其行动。

在与六号忠诚型领导的相处过程中，下属要注意以下几点。第一，表现出忠诚和信任，积极追随六号忠诚型领导，在工作中做到细致负责、服从指挥。第二，六号忠诚型领导善于洞察他人内心，因此与六号忠诚型领导相处时，下属应坦诚相待，主动向其汇报各方面情况，以赢得其信任。第三，与六号忠诚型领导建立信赖关系需要花费一定的时间，但一旦与六号忠诚型领导建立信赖关系，六号忠诚型领导会给予下属帮助，提供发展机会。第四，表达对六号忠诚型领导的高度信任，并在情感上给予关心。第五，鉴于六号忠诚型领导容易优柔寡断，下属应主动帮助六号忠诚型领导分担压力和责任，以赢得六号忠诚型领导的信任。

在与七号快乐型领导的相处过程中,下属要注意以下几点。第一,因为七号快乐型领导不喜欢承担责任,因此,下属可以主动承担责任,以赢得七号快乐型领导的信任与授权。第二,鉴于七号快乐型领导设立的目标通常较为笼统,下属应主动分解目标,细化方案,落地执行。第三,在与七号快乐型领导的交往中,相处融洽比工作能力更重要,换句话说,下属可以主动安排娱乐活动,与七号快乐型领导以平等、轻松的方式进行交往。第四,理解并包容七号快乐型领导因想法改变而导致的工作方式变化。第五,在提出意见时,应采取先肯定,后理性建议的方式,避免否定和指责,这样更容易获得七号快乐型领导的支持。

在与八号控制型领导的相处过程中,下属要注意以下几点。第一,需要具备真诚、忠诚、服从的品质,能够有效完成工作并不断提升自身能力,这样可以赢得八号控制型领导的信任。第二,必须严格执行八号控制型领导制订的计划,并按时汇报进展或成果,以确保八号控制型领导有掌控感。第三,理解并接受八号控制型领导可能存在的命令式工作方式。第四，在突发事件发生时，需要第一时间向八号控制型领导汇报，并征求其意见。第五，与八号控制型领导沟通时，应就事论事，避免针锋相对。若发生冲突，应待其冷静后，有理有据地向八号控制型领导表明自己的想法和意见，八号控制型领导通常会接受合理的意见或建议。

在与九号和平型领导的相处过程中，下属要注意以下几点。第一，以真诚的态度营造融洽氛围，与九号和平型领导建立良好的情感关系，这样能够获得九号和平型领导的支持。第二，主动分担九号和平型领导的工作责任，积极承担压力，以赢得信任和授权。第三，当工作遇到问题时，应努力想办法自己解决。

领导智慧：怎样激发下属的工作潜力？

在如今这个快节奏和多元化的职场环境中，领导者每天都要面对各种各样的挑战：如何有效管理团队？如何激发下属的潜力？如何提高团队的工作产出和创新力？从九型人格的角度来看，不同性格类型的人有不同的工作风格、优势和挑战。一位优秀的领导者必须善于识别和理解这些差异，并根据不同性格类型下属的特点，通过合适的相处方式和激励策略，最大限度地激发下属的工作潜力。

那么，不同性格类型下属的工作风格都是怎样的？分别有哪些工作优势和工作劣势呢？在下文中，我基于九型人格相关知识，总结了不同性格类型下属的工作优势和工作劣势，并就如何激发不同性格类型下属的工作潜力提供了相应的建议，供读者参考。

一号完美型

一号完美型人对自己的要求非常严格，追求卓越与完美。此外，他们往往也会用高标准去要求他人，期待他人与自己一样努力追求完美。基于上述特点，一号完美型下属在职场中有相应的工作优势与工作劣势，如表5-2所示。

表 5-2　一号完美型下属的工作优势与工作劣势

工作优势	工作劣势
①具有高度责任感，努力追求卓越，并确保工作质量达到最高水平； ②组织能力强，擅长制订计划和安排事务，能够有效地组织资源，提高效率和产出； ③注重细节，能够发现问题并及时纠正，确保工作过程中不会出现差错或遗漏； ④严格要求自己，自律性强，能够有效地管理时间和资源，提高工作效率。	①可能会对自己和他人要求苛刻，容易陷入完美主义的泥沼，导致工作进展缓慢或团队气氛紧张； ②缺乏灵活性，难以接受变化或他人的意见，可能会因为过于固执而影响团队成员之间的合作关系和创新能力； ③通常对于自己和他人的错误缺乏宽容，容易因为他人的失误而产生不满和愤怒，影响团队合作和人际关系。

在与一号完美型下属的相处过程中，领导者要注意以下几点。第一，尊重一号完美型下属，充分肯定其使命感和责任感，信任其工作能力，并赋予其相应的权责。第二，展现出强大的工作能力和正直的品行，以赢得一号完美型下属的信任，使其愿意服从自己的领导与安排。第三，在与一号完美型下属的互动过程中，应以真诚委婉的方式沟通工作，从而与一号完美型下属建立相互信任的关

系。第四，在向一号完美型下属交代工作任务时，应清晰说明工作流程和责任范围，并倾听一号完美型下属的建议，体现对一号完美型下属的尊重。第四，不轻易更改已确定的规则，必须更改时，应及时向一号完美型下属解释原因。第五，当一号完美型下属指出自己的错误时，应虚心接受并调整。第六，当一号完美型下属生气发怒时，若能包容，则能获得一号完美型下属的信任。第七，当一号完美型下属做出具体贡献时，应对其表示肯定，并表示感谢。

二号助人型

二号助人型人擅长倾听和理解他人的需求，并乐意为他人提供支持和帮助，以获得他人的认可和满足感。在职场，二号助人型下属有其相应的工作优势与工作劣势，如表5-3所示。

表 5-3　二号助人型下属的工作优势与工作劣势

工作优势	工作劣势
①具有出色的人际关系技能，擅长与他人建立良好的关系，能够有效地与团队成员合作，能提升团队的凝聚力和合作效率；②乐于奉献，愿意为了帮助他人而付出额外的努力，提升整个团队的工作效率和工作产出；③具有优秀的沟通能力，擅长沟通，能够清晰地表达自己的想法和观点，能有效地与他人沟通；④具有较强的共情能力，能够准确把握他人的情绪和需求，从而有效地激励和支持团队成员，促进团队目标的达成。	①可能会因为过度关注他人的需求而忽略了自己的需要，从而影响个人的工作效率；②往往难以拒绝他人的请求，可能会承担过多的工作任务，影响工作效率；③通常不喜欢与他人发生冲突，可能会回避或逃避困难，导致问题不能得到及时解决，影响工作进展和团队效率；④可能会过度依赖他人的认可和赞扬，而忽视了自身的成就和价值，导致自我价值感不足，影响个人的自信心和工作表现。

作为领导者，在与二号助人型下属的相处过程中，可能需要注意以下几点。第一，重视二号助人型下属，肯定其人品、想法和能力，激发二号助人型下属的工作积极性和工作潜力。第二，关心二号助人型下属，在有必要时，可以在工作、生活和情感等方面给二号助人型下属提供帮助。第三，严厉的批评可能会影响二号助人型下属的工作

积极性，因此，在非必要的情况下，不要严厉批评二号助人型下属。

三号成就型

三号成就型人通常充满自信、目标明确，擅长规划和执行计划，经常展现出较强的竞争力和领导能力，并常常将成功与自我价值紧密联系在一起，追求外界的认可和荣耀。在职场，三号成就型下属有其相应的工作优势和工作劣势，如表5-4所示。

表 5-4 三号成就型下属的工作优势与工作劣势

工作优势	工作劣势
①有明确的职业目标和追求，通常以实现个人和团队的目标为驱动力，能够为实现目标而不断努力奋斗； ②通常具有较强的自信心和积极向上的态度，勇于面对工作中的各种困难和挑战； ③擅长制订计划和目标，能够有效地组织资源和制订策略，全力以赴实现既定目标； ④追求卓越和成功，通常对工作质量和表现有着较高的要求，不满足于平庸； ⑤适应能力强，通常具有较强的适应能力和应变能力，能够灵活应对工作中的各种变化和挑战，保持高效的工作状态。	①可能会过度追求成功和成就，忽视与他人合作和团队建设的重要性，从而影响团队的凝聚力和合作效率； ②可能会以自我为中心，因为过于关注自己的个人利益和成功而忽视团队合作和他人的需求，从而造成团队内部的摩擦和矛盾； ③可能会因为竞争意识和竞争欲望，过于关注竞争对手，从而忽视团队的整体利益，导致团队内部的分裂和不和谐； ④可能会因为追求快速成功，缺乏耐心，难以忍受工作中的挑战和困难，从而影响工作的稳定性和持久性。

在与三号成就型下属的相处过程中，领导者要注意以下几点。第一，时常向三号成就型下属阐述企业的发展规划和未来愿景，展现出对企业发展的信心，并展示自身的能力和实力，以赢得三号成就型下属的信任。第二，给三

号成就型下属设置相对较高的任务目标，并给予三号成就型下属更多的资源支持和表现机会，例如将能够取得较大成果的工作任务交给三号成就型下属去完成，突出其在团队中的重要价值，使其能够充分发挥自身的才能。第三，对于三号成就型下属所取得的成就，领导者应及时给予肯定和表彰。第四，考虑到三号成就型下属自我意识较强、团队意识较弱等特点，领导者需要适当加以控制，并在必要时采取相应措施。

四号自我型

四号自我型人通常深情且情感丰富，倾向于表达自己的内心感受和情绪。他们常常具有艺术天赋和创造力，喜欢追求个性化的生活方式，并注重个人的独特性和身份认同。在职场，四号自我型下属有其相应的工作优势和工作劣势，如表5-5所示。

表5-5 四号自我型人的工作优势与工作劣势

工作优势	工作劣势
①通常具有丰富的想象力和创造力,能够带来独特的想法和创意,在工作中能够提供新的视角和解决方案; ②具有较强的情感表达能力,不仅能够深刻理解他人的情绪,也善于表达自己的想法和感受,能够促进团队成员之间的沟通和合作; ③通常具有较强的自我意识和自我认知能力,能够清楚地了解自己的优势和劣势,从而更好地发挥个人潜力和才华。	①容易受情绪影响,情绪起伏较大,从而影响工作的稳定性和效率; ②可能会以自我为中心,忽视他人的需求和团队的整体利益,从而影响团队合作; ③通常对于他人的评价和批评较为敏感,可能会因为他人的反馈而产生负面情绪,影响个人和团队的表现; ④可能会因为过于关注内在的情感和想法而缺乏执行力和行动力,难以将想法付诸实践,从而影响工作进展和成果。

在与四号自我型下属的相处过程中,领导者要注意以下几点。第一,以平等、温和、宽容的态度对待四号自我型下属,以获得四号自我型下属的认同与接纳。第二,展现出卓越的能力和品位,发现四号自我型下属的独特之处,并以"这项工作非你莫属"的方式表达对四号自我型下属的重视。第三,对于四号自我型下属所取得的成就,及时给予肯定和表彰。第四,在实际工作过程中,领导者

应给予四号自我型下属自由发挥的空间，不应过度干涉其工作。第五，当四号自我型下属情绪低落时，领导者应给予其时间和空间进行自我调整。

五号思想型

五号思想型人喜欢独自思考，通常具有较强的逻辑思维能力，擅长分析问题和寻找解决方案，不易受他人影响。在职场，五号思想型下属有其相应的工作优势和工作劣势，如表5-6所示。

表 5-6　五号思想型下属的工作优势与工作劣势

工作优势	工作劣势
①学习能力强，具有深度思考和分析问题的能力，能够提出独特而深刻的见解，并为团队提供富有创意的解决方案； ②通常具有较高的独立性和自主性，能够独立思考和行动，不易受外部因素的干扰，能够有效地解决问题和应对挑战； ③通常能够保持客观和冷静，对于复杂的问题和困难的局面能够保持清晰的头脑，有效地分析问题并解决问题。	①通常较为内向和独立，可能会忽视与他人的沟通和交流，导致信息交流不畅，从而影响工作效率和团队的凝聚力； ②可能会因为过度分析问题而缺乏实际行动力，难以将想法付诸实践，影响工作的实际成果； ③通常较为谨慎和保守，可能会避免冒险，导致错失一些发展机遇和创新的可能性，影响个人和团队的成长。

在与五号思想型下属的相处过程中，领导者要注意以下几点。第一，充分发挥五号思想型下属善于抓住问题实质、出谋划策的优势。第二，在给五号思想型下属安排工作时，应向其提供充足的信息，明确说明工作内容和目标，并在情况有变化时及时告知五号思想型下属。第三，考虑到五号思想型下属有喜欢独自工作的倾向，领导者不宜轻易改变五号思想型下属的工作环境。第四，领导者应

对五号思想型下属所体现出的专业能力给予认可和赞赏，让五号思想型下属感到被信任。

六号忠诚型

六号忠诚型人通常注重安全感和稳定性，尊重规则和传统，并会尽力维护自己认同的价值观。在职场，六号忠诚型下属有其相应的工作优势和工作劣势，如表 5-7 所示。

表5-7 六号忠诚型下属的工作优势与工作劣势

工作优势	工作劣势
①通常非常可靠，对于工作和团队有着高度的责任感，能够认真负责地完成自己的工作任务，并为团队提供稳定的支持； ②善于与他人合作，愿意与团队成员共同努力，为实现共同的目标而努力奋斗，提升团队的凝聚力和合作效率； ③通常较为谨慎和小心，在工作中会认真考虑每一个细节和可能产生的风险，能够有效地避免错误和问题的发生； ④通常对于组织和领导有着较高的忠诚度，能够为组织的利益和目标全力以赴，为组织的发展和壮大做出贡献。	①容易过度担心和焦虑，对于可能发生的问题和困难常常感到不安，可能会影响工作的效率和表现； ②通常较为谨慎，在需要做出决策时可能会犹豫不决，从而影响工作效率和工作进展； ③容易因为变化和不确定性而感到不安，可能会拒绝接受新的想法和方法，从而影响创新力和灵活性； ④可能会因为过于依赖团队和组织而难以独立思考和行动，容易受到他人影响而失去个人主见。

领导者在与六号忠诚型下属相处时需要注意以下几点。第一，与六号忠诚型下属建立信任关系。领导者需要展现出真诚、可靠和公正的形象，给予六号忠诚型下属表达自己想法和担忧的机会，并认真倾听，以赢得六号忠诚型下属的信任。第二，提供支持和鼓励。面对变化和不

确定性，六号忠诚型下属通常会感到焦虑和担忧。作为领导者，要给予六号忠诚型下属适当的支持和鼓励，给予他们清晰的指导和反馈，帮助他们克服恐惧和不安，让他们有安全感。第三，肯定六号忠诚型下属的忠诚和奉献。六号忠诚型下属通常是团队中最忠诚和最具有奉献精神的成员，领导者需要尊重六号忠诚型下属的付出和努力，并且给予适当的认可和奖励，让六号忠诚型下属知道他们的工作是有价值的，并且他们的贡献是受到认可和尊重的。第四，为六号忠诚型下属提供适当的挑战和成长机会。尽管六号忠诚型下属喜欢稳定和安全，但他们也需要成长。领导者应该给予他们适当的机会，例如提供新的项目、培训和晋升机会，让六号忠诚型下属不断提升自己，发挥自身潜力。

七号快乐型

七号快乐型人常常充满热情和活力，乐于接受新的挑战和冒险，但可能会在遇到困难或挫折时试图逃避现实。在职场，七号快乐型下属有其相应的工作优势和工作劣势，如表 5-8 所示。

表 5-8　七号快乐型下属的工作优势与工作劣势

工作优势	工作劣势
①积极乐观，充满活力和热情，能够为团队注入正能量，激发团队成员的工作热情和创造力； ②具有丰富的想象力和创造力，能够带来新颖的想法和解决方案，为团队的发展和创新提供动力； ③适应能力强，能够灵活应对工作中的各种变化和挑战，保持良好的工作状态； ④具有良好的社交能力，能够与团队成员建立良好的关系，提升团队的凝聚力和工作效率。	①可能会因为追求享乐，而缺乏对工作的责任感，导致工作质量和效率不稳定； ②可能会因为追求新鲜刺激而难以集中精力完成任务，影响工作效率； ③通常不喜欢面对困难和挑战，可能会逃避问题或责任，导致工作进展缓慢或出现问题； ④可能会因为追求享乐而做出冲动的行为和决策； ⑤可能会忽视长期的规划和目标，影响个人和团队的长远发展。

在与七号快乐型下属的相处过程中，领导者要注意以下几点。第一，在工作过程中，领导者应以朋友的方式与七号快乐型下属相处，不过多干涉七号快乐型下属的工作方式。第二，合理安排工作任务，发挥七号快乐型下属擅长项目筹划、富有想象力和创造力的特点。第三，发挥七号快乐型下属乐观积极的正面影响，使其能够感染整个团

队，从而营造良好的团队氛围。第四，在与七号快乐型下属沟通时，对于七号快乐型下属提出的建议和想法，领导者不要一开始就否定，而是要先肯定其中合理的部分，然后再针对具体情况给出相应的反馈。第五，面对七号快乐型下属的邀请，领导者可以与七号快乐型下属一起参加娱乐活动，拉近与七号快乐型下属的心理距离，赢得七号快乐型下属的拥护。第六，当遇到问题时，领导者应有理有据地向七号快乐型下属解释原因，以便让七号快乐型下属欣然接受。

八号控制型

八号控制型人追求权力和控制感，喜欢成为决策者和影响者。他们直言不讳，勇于面对挑战和冲突，通常表现出果断和坚决的态度。在职场，八号控制型下属有其相应的工作优势和工作劣势，如表5-9所示。

表 5-9　八号控制型下属的工作优势与工作劣势

工作优势	工作劣势
①决策力强，通常具有较强的决策能力和执行力，能够迅速做出决策并有效地推动工作的实施； ②坚定果断，敢于面对挑战和困难，不畏艰难，能够有效地解决问题； ③目标导向，注重目标和结果，有明确的工作目标和计划，并全力以赴实现既定目标； ④通常具有较强的自信心和自主性，能够独立思考和行动，不易受外界因素的干扰。	①可能会有霸道和专横的行为，不愿意听取他人的意见和建议； ②可能会因为难以接受失败和挫折而焦虑、愤怒，从而影响个人的工作状态； ③可能会因为过于关注自己的目标和利益而忽视他人的感受和需求，从而导致团队内部的不和谐； ④可能会因为希望快速获得成果而缺乏耐心，难以接受工作中的不确定性，从而影响团队合作和工作进展。

在职场中，领导者在与八号控制型下属相处时，有一些需要特别注意的事项。第一，尊重八号控制型下属的独立性和权力欲。多数八号控制型下属希望拥有权力和影响力，以便掌控局面，作为领导者，要尊重八号控制型下属的独立性，与他们建立平等的合作关系，并且给予他们适当的权力和责任，让他们有被尊重和被重视的感觉。第二，八号控制型下属喜欢坦诚的沟通方式，

模棱两可或含糊其词的沟通方式可能会让八号控制型下属感到不满，因此，在与八号控制型下属沟通时，领导者需要直言不讳地表达自己的想法和期望。第三，为八号控制型下属提供挑战的机会。八号控制型下属喜欢面对挑战，追求成就和成功。作为领导者，要给八号控制型下属设定清晰的目标，并且给予他们必要的支持和资源，让他们发挥自己的能力并且取得成就感。第四，理解并接受八号控制型下属喜欢竞争的特点。八号控制型下属喜欢挑战和辩论。领导者需要接受八号控制型下属的这种特点，并通过保持公平和透明等方式，让八号控制型下属知道他们的努力会得到认可和奖励。第五，倾听并尊重八号控制型下属的意见。领导者要倾听八号控制型下属的意见和建议，并且给予适当的反馈和支持，让他们感到被重视和被信任。

九号和平型

九号和平型人通常以和谐与平静为目标，面对矛盾和冲突，他们倾向于包容和妥协，以维持和谐的氛围。在职场,九号和平型下属有其相应的工作优势和工作劣势,如表5-10所示。

表5-10 九号和平型下属的工作优势与工作劣势

工作优势	工作劣势
①善于与他人合作,通常能够与团队成员和谐相处,提升团队的凝聚力和合作效率; ②具有耐心和稳定性,能够沉着冷静地应对工作中的压力和挑战; ③具有一定的调解能力,善于化解冲突和矛盾,能够客观公正地看待问题,并寻求解决方案,维护团队的和谐与稳定; ④具有较强的包容心和理解力,能够接纳他人的不同意见和观点。	①可能会缺乏主动性和进取心,难以在工作中展现出个人的领导能力和创新能力; ②可能会因为避免冲突而回避问题,导致问题无法得到及时解决,影响工作的进展和效率; ③可能会因为追求和谐而缺乏竞争意识和进取心,影响个人的职业发展和成长; ④可能会因为不善于争取自己的权益和机会而被他人忽视或边缘化,影响个人的工作表现。

在与九号和平型下属的相处过程中,领导者要注意以下几点。第一,营造良好的职场氛围,良好的工作环境能够让九号和平型下属感到安定和舒适,从而发挥出工作潜力。第二,肯定九号和平型下属的随和、包容和付出,以赢得九号和平型下属的信任,激发九号和平型下属的工作

热情。第三，对九号和平型下属的工作进行指导，明确九号和平型下属的工作目标，并持续关注，直到目标达成。第四，当九号和平型下属表现出消极怠工、态度冷漠等状态时，领导者应采取相应措施，及时干预。第五，当工作环境或工作内容发生较大变化，九号和平型下属出现抵触情绪时，领导者可以先安抚九号和平型下属的情绪，然后再谈具体的解决办法。

如何与不同性格类型的同事搞好关系？

在现代职场中，我们经常需要与各种不同性格类型的同事或合作者共事。有时候，我们可能会发现自己与某些人相处得较为愉快，而与另一些人的相处却充满挑战。从九型人格的角度来看，不同性格类型的人有不同的行为模式和思维方式。换句话说，与不同性格类型的同事或合作者相处时，理解并尊重他们的性格特点和工作方式是非常重要的。通过了解不同性格类型的人的性格特点和工作方式，我们可以最大限度地避免片面评判或误解，以更加理性客观的方式认识到每个人的独特之处，更好地与不同性格类型的同事相处，提高沟通效率，减少冲突，营造更加和谐、积极的工作氛围和环境。

那么，不同性格类型的同事的工作风格是怎样的？与他们相处时有哪些注意事项？接下来，基于九型人格相关知识，我总结了不同性格类型的同事的工作风格，并就如何与他们相处给出了相应的建议，供读者参考。

一号完美型人通常注重细节，具有完美主义倾向，喜欢事前制订计划并有条不紊地执行计划。与一号完美型同事相处时，需要注意以下三点。一是给予对方足够的尊重并认可他们的贡献。二是学会接受他们的批评和建议。三是尊重他们的工作方式和个人空间，避免过度挑剔或批评他们。

二号助人型人倾向于关注他人的需求，乐于帮助他人解决问题。与二号助人型同事相处时，需要注意以下三点。一是在接受他们的好意时，向他们表达真诚的感激和赞赏，肯定他们的帮助和贡献。二是尊重他们的个人空间和需求，与他们建立互信关系。三是要学会独立解决问题，不要过分依赖他们的帮助。

三号成就型人通常目标明确，追求成功和成就。与三号成就型同事相处时，不仅要明确共同的目标和期望，激励彼此共同努力实现目标，还要尊重他们的时间和工作效率，避免浪费时间或干扰他们的工作节奏。

四号自我型人通常具有很强的创造力和独立思考的能力，喜欢追求个性化的解决方案。与四号自我型同事相处时，既要尊重他们的个人空间和独立性，避免过分干涉或限制他们的发挥，同时也可以与他们进行深入的交流，寻找共同的兴趣爱好，与他们建立良好的个人关系。

五号思想型人通常具有较强的求知欲，喜欢探索新的想法和解决方案。与五号思想型同事相处时，不仅要尊重他们的思维方式和独立性，避免过于强调结果和效率，还要给予他们足够的空间和时间去思考和研究问题，并鼓励他们分享自己的想法和观点。

六号忠诚型人通常忠诚可靠，善于维护团队的和谐与稳定。与六号忠诚型同事相处时，既要尊重他们的忠诚和责任感，避免给他们造成不必要的压力或不确定性，还要给予他们足够的支持和肯定，与他们建立稳定的合作关系。

七号快乐型人通常充满活力和热情，善于激励他人。与七号快乐型同事相处时，不仅要尊重他们的创意和灵感，避免过于严肃或限制他们的表达方式，也要针对他们的活力和热情，给予正面的反馈或回应。

八号控制型人通常具有坚定的意志和自信心，喜欢挑战和追求更高的目标。与八号控制型同事相处时，要尊重他们的观点和决策能力。此外，在面对矛盾或冲突时，要坦诚地和他们沟通，共同探讨问题并寻找解决方案。

九号和平型人通常具有平和友善的性格，善于化解冲突。与九号和平型同事相处时，要尊重他们平和的性格和决策方式，尽量避免冲突和争吵，并给予他们足够的支持和鼓励。

第六章

清醒的婚恋观

　　在我们的生活中，亲密关系扮演着至关重要的角色。然而，要处理好亲密关系并不是一件容易的事情。每个人都有着独特的个性和行为倾向，这些因素会影响我们表达爱的方式、与他人之间的相处模式以及我们对恋爱和婚姻的期待。

　　了解自己和他人的性格特点是处理好亲密关系的关键。九型人格理论为我们提供了一种独特的认知工具，能够帮助我们更好地理解自己和他人的性格特点和行为倾向。通过深入理解自己和他人的性格特点和行为倾向，我们可以更有智慧地建立、培养和维护我们与他人之间的珍贵纽带，为我们的生活注入更多的理解、尊重和爱。

"我爱你"不止一种形式

不同性格类型的人表达爱意的方式是存在显著差异的。如果我们能够了解不同性格类型的人表达爱意的独特方式，那么我们就有机会用对方想要的方式与对方相处，婚恋之路便能轻松快乐很多。根据九型人格相关知识，我归纳总结了九种不同性格类型的人表达爱意的独特方式，供读者参考。

一号完美型人的爱情观概括起来就是"爱我就要和我一起进步，达到完美"。具体来说，在亲密关系中，一号完美型人很少会夸赞伴侣的优点或取得的成就。原因在于，一号完美型人认为，爱一个人就要指出对方的缺点，并不断督促对方，希望对方变成更好的人，成为更完美的伴侣。

二号助人型人的情感表达方式是"我爱你，就以你为中心，为你付出"。二号助人型人在亲密关系中非常无私，通常会全心全意地为伴侣付出，眼里都是伴侣，甚至可能发展到在亲密关系中失去自我的程度。具体来说，在亲密关系中，二号助人型人会展示出无微不至的关心，甚至让伴侣过上"衣来伸手，饭来张口"的生活。二号助人型人在亲密关系中常说的话是"我们是不分你我的，我们要很亲密"。然而，二号助人型人也有一个非常重要的需求，那就是希望伴侣也能够给自己同等的付出。

三号成就型人的爱情观是"我和你在一起，大家要一起走向成功"。三号成就型人希望与伴侣一起努力学习，好好工作，共同创造美好的生活。三号成就型人在组建家庭后，便会将伴侣纳入自己的人生规划中，希望伴侣与自己一起为未来的生活而努力，共同取得成功。为此，三号成就型人会帮助伴侣制订学习计划、做好事业规划，并为伴侣提供相应的指导。如果伴侣能够按照三号成就型人规划的方向去奋斗努力，三号成就型人会非常高兴。

四号自我型人对待伴侣的态度通常是"让伴侣做自

己"。四号自我型人在生活中喜欢做真实的自己，同时也希望他们所爱的人能够做真实的自己。他们不希望伴侣为了迁就自己而选择隐忍，过着虚伪的生活。如果伴侣能够更加真实、自由地表达自己的真实意愿，向四号自我型人展示自己的理想、渴望乃至欲望，四号自我型人会非常愿意倾听伴侣内心的声音，尊重伴侣的个性和想法。四号自我型人非常乐于看到伴侣愿意和他们一起探索真实的自我，共同追求内心真正的渴望。

五号思想型人爱一个人的方式概括起来就是"我爱你，所以我会帮你解决难题"。五号思想型人追求独立自主，因此，在一般情况下，他们希望别人也能够独立完成自己能够完成的事情。他们不希望自己的伴侣过度依赖自己，但是，如果伴侣真的遇到难以独立解决的困难，他们会不遗余力地帮助伴侣解决问题。

六号忠诚型人表达爱的方式是"我爱你，所以我担心你"。六号忠诚型人在恋爱中可能会被认为经常杞人忧天，总是担心各种可能发生的问题，甚至可能因此让人感到沮丧。例如，他们可能会以过分担忧的方式反复提醒伴侣，有时甚至会用吓唬的语气来警告对方。"真的很严重""你不要以为没有问题！""万一……那就无法收拾了！""情况真的不容乐观"等等，这些话经常出自六号忠诚型人之口。六号忠诚型人会为伴侣的安危操心，生怕对方受到伤害。如果六号忠诚型人的伴侣能够理解并重视他们的担心，用积极的态度回应他们，让他们放心，他们会感到非常安心和满足。

七号快乐型人表达爱的方式概括起来就是"我爱你，所以我会努力逗你开心，让你快乐"。七号快乐型人喜欢快乐的生活，不希望自己或伴侣过得不开心。因此，他们常常通过幽默的方式来传递快乐，例如讲有趣的故事、开玩笑等，帮助伴侣转移注意力，希望伴侣也能感受到幸福和愉悦。当然，这并不代表七号快乐型人对问题漠不关心，他们只是倾向于通过带给伴侣愉快的体验来提升生活品质。

八号控制型人表达爱的方式通常是"我爱你，所以想让你强大，不被别人欺负"。作为保护者，八号控制型人充满爱护之情，常常将伴侣护在自己的羽翼之下。虽然八号控制型人可能会在亲密关系中表现出强势、对抗等特点，但目的是确保伴侣的安全。八号控制型人在亲密关系中有一个潜在的需求，那就是希望伴侣是一个独立自主、坚强不屈的强大个体，自身就拥有强大的力量，不易被别人欺负或伤害。

九号和平型人表达爱的方式通常是迁就和纵容。作为心态平和、追求和谐的伴侣，九号和平型人在亲密关系中常常表现得像一面镜子，他们倾向于模仿伴侣的言行举止，甚至将伴侣的理想和目标当作自己的理想和目标。此外，九号和平型人会努力"理想化"伴侣，将伴侣想象成最好的样子，并对伴侣表现出极大的包容，甚至达到纵容的地步。对于九号和平型人来说，与伴侣的和谐相处比个人的需求更为重要，因此，他们愿意在亲密关系中迁就对方，以维护和谐与稳定。

每个人都有自己独特的性格特点和行为逻辑，通过了解伴侣的性格特点和行为逻辑，我们可以更好地与伴侣进行沟通、更有效地处理与伴侣之间的矛盾与冲突，从而建立更为和谐和稳固的亲密关系。

生活中常见的亲密关系组合

通过前文的叙述，相信读者对于不同性格类型的人在亲密关系中的性格特点和行为逻辑有了一定的了解。下面，我将以生活中常见的几种亲密关系组合为例进行分析，以期就婚恋问题给读者提供一些参考和启发。

第一种亲密关系组合是一号完美型和三号成就型，这个组合可谓"针尖对麦芒"。在通常情况下，当一个一号完美型人与一个三号成就型人组成家庭后，一号完美型人会通过批评来表达爱意，比如他们经常会对伴侣说"你怎么一点都不上进""你今天出门逛街穿的那件外套不是很好看"等等。这种批评并非出于打压对方的目的。因为对于一号完美型人来说，他们将伴侣视为自己的一部分，所以会在不自觉中挑剔伴侣，希望伴侣能够变得更好。而三号成就型人则希望通过获得表扬和认可等方式感受来自伴侣的爱，这是源自三号成就型人内心深处的需求。在这种情况下，你会发现，在亲密关系中，一号完美型人和三号成就型人的特点和需求存在较大的差异，有点"针尖对麦芒"的感觉。

二号助人型和五号思想型的组合可谓"一个委屈一个压抑"。二号助人型人通常非常感性，而五号思想型人则较为理性。在亲密关系中，二号助人型人倾向于通过拉近彼此的距离来表达爱意，而五号思想型人则希望拥有一定的个人空间。这样一来，冲突就不可避免了。举个例子，我曾经遇到过一名学员，她是二号助人型人，她的丈夫是五号思想型人。她向我描述了他们家每天下班后的情况：每天一下班，她的丈夫就会直接躲到书房里，她总是隔一会儿就去敲门："老公，需要喝点水吗？""老公，需要吃块西瓜吗？"……起初，她的丈夫还会正常回答，但是次数多了，她的丈夫就开始感到厌烦："你能不能让我自己待会儿？"这样一来，那位二号助人型学员就觉得委屈，而她的丈夫则觉得有些压抑，这就是二号助人型人和五号思想型人之间比较常见的问题。这也反映了不同性格类型的伴侣之间的典型问题：一方表达爱的方式，往往并不能满足另一方对爱的需求，甚至会引起对方的反感。

四号自我型和六号忠诚型的组合常常被形容为"相爱

相杀"。从九型人格的角度来看,四号自我型和六号忠诚型是一个典型的组合。四号自我型人强调"爱我就要理解我,爱我就要懂我",追求情感共鸣,渴望找到灵魂伴侣,是非常浪漫的一群人。而六号忠诚型人则倾向于通过为伴侣提供安全感来表达爱意,他们的爱情观概括起来就是"我是一棵大树,为你遮风挡雨,如果你遇到困难了,我希望我能够给你一切"。因此,你会发现,在现实生活中,有时候虽然四号自我型人和六号忠诚型人的感情很深,但他们经常处于一种"相爱相杀"的状态,这主要是因为六号忠诚型人所提供的东西和四号自我型人所需要的东西经常是不匹配的,四号自我型人追求的是被理解和被爱的感觉,而六号忠诚型人给伴侣的更多是安全感和保障。

七号快乐型和二号助人型的组合常常会产生较大的内耗。在亲密关系中,七号快乐型人渴望与伴侣一起享受生活,他们的爱情观念是"爱我就要跟我一起吃喝玩乐,一起去闯荡世界,但除此之外,我也需要一定的空间和自由"。因此,七号快乐型人在恋爱时,常常像孩子般寻找着玩伴:"只要我玩乐时,你陪伴在我身旁,我就觉得爱情非常美好。如果你无法陪伴我,那就给我一些自由,让我和朋友一起出去;如果你不仅无法陪伴我,还限制我和朋友的交往,那我可能会选择逃避。"因此,当七号快乐型人遇到没有安全感或者控制欲比较强的伴侣,比如二号助人型人时,他们的感情就会面临巨大的挑战。尽管七号快乐型人与二号助人型人之间的感情可能很真挚,但在日常相处中,他们经常会产生较大的内耗。具体来说,七号快乐型人会觉得自己受到了很大的限制,失去了自由和个人独立性,而二号助人型人则可能会因为对方超出了自己的掌控范围而产生不安的情绪,这导致他们经常陷入周期性的纠缠和冲突中。

从九型人格的角度来说,不同性格类型的人对爱的需求是不一样的,因此,根据对方的性格特点选择恰当的相处方式,我们可以更好地满足彼此的需求。此外,在处理冲突时,我们要更加包容,更加关注对方的感受,并且愿意做出一定的调整和妥协。只有这样,我们才能真正实现相互理解和支持,让爱情更加美好持久。

如何选择你的人生伴侣

我们常说"选择大于努力",在亲密关系中,找到与我们相匹配的伴侣是一件非常重要的事。选择一个合适的伴侣通常意味着更少的摩擦、更少的冲突,相比之下,选择不合适的伴侣则会造成巨大的损失。因此,选择合适的伴侣至关重要。

就选择伴侣而言,我认为有两个关键点。第一个关键点是要清楚了解自己的核心需求。也就是说,在亲密关系中,想要幸福,首先要明白自己到底想要什么。举例来说,假设你是一位女性,如果你想选一个三号成就型丈夫,那么你就要明白,虽然你的丈夫可能在同龄人中拥有更大的成就,能够买车买房、事业有成,让你过上比同龄人更好的生活,但他很可能是一个工作狂,他既没法给予你足够的陪伴,也不会每天在家无所事事地对你说甜言蜜语。换句话说,他可能无法提供你所需要的情绪价值。这就是选择三号成就型丈夫的利与弊。

而如果你选择了一个温柔体贴的男人,那么你就要明白,他的追求有可能是"家庭和睦,幸福快乐"。他下班后最大的乐趣可能是去超市买菜回家,与你一起做饭,一起分享生活的点滴。这时,你就不能与别人攀比:你的邻居王先生给他的妻子买了一个几克拉的钻戒,你的同事的丈夫又给她买了多少克的黄金……你必须明白,你选择的是一个温暖陪伴型的男人,而不是一个事业有成型的男人。每个人的生活经历和能力都是不同的,既要求伴侣事业有成,又希望伴侣懂得浪漫,这可能不太现实。因此,挑选伴侣的第一个关键点就是要了解自己,选择自己最渴望的就足够了,不要过于贪心。

第二个关键点是了解伴侣的性格类型,即利用九型人格识别伴侣的性格类型,并评估伴侣的性格类型与自己的性格类型的匹配度。那么,具体可以通过哪些方法来识别伴侣的性格类型呢?下面介绍几个方法。第一个方法是观察伴侣的行为模式,即注意他们在偏好、反应方式、情绪表达等方面的特点。比如,一个外向且倾向于冒险的人有可能是七号快乐型人,而一个注重秩序的人则有可能是一号完美型人。第二个方法是倾听伴侣的言语,即注意伴侣在言语中透露的信号。不同性格类型的人往往会在交谈中表现出不同的关注点和思维模式。例如，五号思想型人可能更喜欢讨论理论和抽象概念，而二号助人型人可能会更关注人际关系和情感交流。第三个方法是了解伴侣的情感需求。不同性格类型的人有不同的情感需求和价值观。比如，九号和平型人可能更注重和谐与稳定，而三号成就型人可能更追求成就和认可。

总而言之，了解自己的核心需求和了解伴侣的性格类型，是我们选择人生伴侣的两个关键点。

好的婚姻需要经营

选择合适的伴侣步入婚姻殿堂，并不意味着往后的婚姻生活就会一帆风顺。人与人之间的关系需要双方共同经营，婚姻关系更是如此。虽然我们每个人有不同的婚姻资本，运气也各不相同，但有一件事情对我们每个人来说都是绝对公平的，那就是在我们的婚姻中，我们可以自行选择对待婚姻的态度以及经营婚姻的方法，而这也是我们在婚姻生活中为数不多的能够自己控制的事情。

在婚姻生活中，我认为非常关键的一点就是摆脱受害者心态。面对问题，不同的人会有不同的心态，大致可分为两种：第一种心态是"问题不在我，我是受害者"，第二种心态是"问题与我有关，我会承担责任"。一般而言，第一种心态更为普遍，但这种心态很容易导致个人逐步演变成真正的"受害者"。例如，在日常生活中，我们经常会听到许多人抱怨自己的婚姻不幸福，理由各种各样，包括父母干预过多、伴侣不忠等等。这些人总是将自己置于受害者的位置上。他们这样做主要有两个原因，一是他们希望获得别人的同情，二是希望让伴侣产生愧疚感，进而实现对伴侣的控制。换句话说，虽然"受害者"看似在亲密关系中处于被动地位，但他们有可能可以获得一些实际的好处。因此，你会看到许多人不自觉地成为家庭中的"受害者"，一味地抱怨，却从未试图改变现状。某些人在利用"受害者"的身份获得了一些好处后，就会深陷其中，难以自拔。然而，在婚姻生活中扮演"受害者"是一种消极的反馈形式，会对家庭氛围产生负面影响。

我认为，与其成为"受害者"，不如成为负责任的人。只有当我们愿意承担责任时，我们才能真正面对问题。具体来说，当我们将自己视为"受害者"时，我们实际上是在逃避责任，只有当我们成为负责任的人时，我们才会意识到"我的家庭我做主，我的幸福我经营，我想要的东西我自己来创造"。

这里我想与大家分享一个我个人认为非常有用的方法，即做自己故事的编剧。这个方法类似于心理学中的叙事疗法，虽然我们的过去，包括成长经历、教育背景、感情经历等等，都已经是既定事实，但如果我们换一种方式来看待我们的过去，那么我们就有可能重新定义我们的家庭、生活乃至人生。

以我自己为例，如果我用较为负面的态度来描述我的过去，那么我的过去是这样的：

第六章 清醒的婚恋观

我在一个农村家庭长大，爷爷重男轻女，没有人管我的学习，这迫使我成为一个自立自强的人。我通过自我激励和努力读书，最终考上了大学。虽然我觉得自己的高考成绩并不是特别理想，希望有机会复读重考，但是我的家人并不支持，尤其是爷爷，他认为女孩子能考上大学已经非常不错了。因此，我一直觉得，是家人的不支持使我与心仪的名校失之交臂。大学毕业之后，我在一所学校当了几年教师，但我并不喜欢这份工作，于是便离开了学校，进入了教育培训行业。起初，我默默无闻，饱受冷落，不得不频繁奔波，有一次甚至在机场晕倒了。

如果我用积极乐观的心态去讲述我的过去，情况也许就会截然不同：

虽然我出生在一个并不富裕的农村家庭，并且家中有五个孩子，但是父母并没有因为我是女孩子而不让我读大学。虽然我没有考上一所名校，但是我成功进入一所师范大学，这让我在毕业之后顺利当上了老师。虽然我并不是特别喜欢这份在学校当老师的工作，但是我在学校得到了锻炼，并且有机会涉足心理咨询这个领域,成为国家首批心理咨询师,从而顺利进入教育培训领域。尽管历经艰辛,但是如今我在教育培训领域占有一席之地,获得了同行的尊重与认可。

其实,无论是婚姻还是生活的其他方面,我们都可以做自己故事的编剧,通过改变心态和看问题的角度,来重新定义我们的家庭、生活乃至人生。

有效应对冲突的方法

在婚姻生活中,夫妻之间难免发生争执,如何有效应对冲突显得至关重要。不同性格类型的人在面对冲突时会有不同的反应,大致可以分为三种类型。

第一种是进攻型,这类人在遇到矛盾或者冲突时,会倾向于用攻击对方的方式来解决问题。例如,一些明星夫妻在离婚后会互相揭短,引发舆论关注,最终导致双方都受到伤害。

第二种是责任型。这类人通常认为在婚姻生活中，夫妻双方出现矛盾或冲突是正常的，因而对婚姻生活中出现的矛盾或冲突具有较大的包容度。在面对冲突时，他们首先考虑的是怎么解决对各方都有利或者如何将伤害降到最低。他们具有较强的责任感，倾向于化解冲突，尽量减少伤害，不易导致双方关系的彻底破裂。

第三种则是退缩型。这类人在面对矛盾或冲突时倾向于寻求个人空间，希望通过独处的方式使自己冷静下来。然而，一旦冷静下来，这类人往往并不会思考如何解决矛盾和冲突，而是会选择回避矛盾和冲突。换句话说，这类人在面对矛盾和冲突时会本能地选择退缩和逃离。

面对三种不同类型的冲突处理方式，我们该如何选择？如果你特别害怕冷战，那么你就尽量避免选择退缩型伴侣；如果你不愿直面冲突，厌恶争吵，那么你就不要选择进攻型伴侣；如果你不喜欢处理问题时拖泥带水、犹豫不决的人，那么你就不要选择责任型伴侣。了解不同类型的人对待矛盾与冲突的方式，可以帮助我们有效"避险"，选择真正适合自己的伴侣。

第七章

英雄之旅:"人间清醒"实践指引

"英雄"一词最初被我用来称呼参加课程的学员,我想让每个人都能通过九型人格了解自己,从而实现自我认知的提升,因此,我提出了"英雄之旅"这个概念。尽管当时还没有非常完整的课程框架和课程内容,但我初步构思了一个愿景,即创建一个平台,让有缘分的人聚集在一起,共同探讨九型人格,激发每个人的力量,让他们成为自己生命中的英雄。

"英雄之旅"的课程框架和课程内容是在实践过程中

逐步完善的。通过实际运用，我发现，参与课程的学员不仅掌握了九型人格的相关知识，还发掘出了自己的性格潜能，获得了内心的愉悦，实现了生活的富足。

九个月，发掘内在潜能

"英雄之旅"这门课程有一套具体的操作细则。课程以九型人格为指导，总时长为九个月，每个月以某种性格类型为主题，课程学员需要学习与性格有关的所有知识，包括性格特征、性格优势、性格劣势等。此外，课程学员需要模仿特定性格类型的特征，例如穿衣风格、思考方式、工作习惯等。具体来说，课程的第一个月聚焦一号完美型，课程学员需要学习了解一号完美型人的性格特征、性格优势、性格劣势等，并模仿一号完美型人的穿衣风格、思考方式、工作习惯等，第二个月聚焦二号助人型，第三个月聚焦三号成就型，以此类推。

关于课程内容，需要特别指出的是，在九个月的时间里，虽然每个月聚焦的性格类型是不同的，但每个月的课程设计思路是相通的，主要包括以下九项内容，可以概括为"九个一"。

一是一个主题，即确定一个主题，让学员能够集中精力，全力以赴。

二是一套衣服，即准备一套特定配色的衣服，要求每名课程学员在为期一个月的时间内，在所有重要场合都穿着这套衣服，以保持与该月主题相吻合的形象。

三是一项运动，即要求每名课程学员选择一项自己喜欢的运动，并坚持一个月，这不仅有助于课程学员保持身体健康，也能培养课程学员的毅力。

四是一本好书，即挑选一本与本月主题相关的好书，并要求每名课程学员在一个月的时间内完成阅读，帮助课程学员更深入地理解本月主题，学到更多的知识，获得更多的启发。

五是一个朋友，即要求每名课程学员结交一个朋友，并与对方在一个月的时间内至少见面三次，这样既可以拓展课程学员的人脉圈子，也能够使课程学员从别人身上学到新的知识和思维方式。

六是一家企业，即了解或参观一家企业，学习成功企业的管理经验和经营理念。

七是一门课程，即课程学员需要参加一门与本月主题相关的课程，扩展自己的知识面。

八是一个改进，即每名课程学员都要做一个与本月主题相关的必要改进，提高工作效率。

九是一次总结，即每名课程学员需要在每个月月底进行总结，回顾自己在一个月时间内所学到的知识，并总结经验教训。

不可思议的旅程

在本节中，我们以保山市女企业家协会"英雄之旅"课程为例，分享相关实践经验和成果，希望能给读者带来一定的启发。

参与保山市女企业家协会"英雄之旅"课程的是一群

追求自我成长、令人钦佩的女性企业家。在参与课程的过程中，她们共同制订了详细且具有实操性的学习计划表，并严格按照学习计划表推进。在课程结束后的回访调研中，许多参与课程的女性企业家表示受益匪浅，在企业经营、家庭关系以及个人成长方面都取得了令人满意的成果。其中最具有代表性的便是保山比顿咖啡有限公司创始人李丽红女士。

创业以来，李丽红积极与国内多家知名企业交流、学习，其认为，要管理好企业，扩大企业的经营规模，就要不断学习，引入先进的管理理念与管理方法，打造企业品牌。

经过多年的努力，李丽红在创业初期定下的目标已然实现，然而，对于未来的路该如何走，李丽红陷入了思考。在参加保山市女企业家协会"英雄之旅"课程期间，李丽红带领团队探寻九型人格，不断学习相关知识。在了解了不同性格类型的优劣势后，李丽红个人感觉印象最深的是二号助人型的奉献精神。在学习二号助人型相关知识的过程中，李丽红回想起她在深圳学习时曾听到过的一句话：一个人只有推动社会进步并作出应有的贡献，才算是一个真正的企业家。

李丽红恍然大悟，于是，她开始参加各种培训，甚至邀请国内外专家到云南保山进行面对面的培训，希望能够通过自身发展，为推动社会进步作出贡献。受九型人格的启发，李丽红将公司的核心价值观确定为：客户至上、持续学习、专注、热情。将公司的愿景确定为：让全球人民随时随地享受到一杯优质咖啡带来的愉悦和快乐。将公司的使命确定为：推动咖啡产业持续健康发展，立志成为中国原磨咖啡的领军品牌，传播中国的人文魅力至世界各地。

在实际的企业运营中，李丽红在多个方面进行尝试，为企业发展注入更多动力。

一是严格控制产品品质。李丽红深知产品品质的重要性。自公司成立以来，她坚持有机种植，采用人工采摘、拣选和隔地晾晒，从源头保证咖啡的醇正。此外，结合比顿咖啡豆的特点，比顿咖啡运用独特的烘焙技艺严格控制产品品质，提升了消费者对企业的信任度。

二是成立咖啡馆连锁店,并将所有门店都打造成风格独特、以咖啡文化为内涵支撑的咖啡馆。咖啡馆能够围绕咖啡文化建立消费者体验模式,为消费者提供了解咖啡知识、体验咖啡产品和传播咖啡文化的休闲空间,受到了消费者的一致好评,提升了企业的影响力。

三是建立咖啡学院,开展教育研学。比顿咖啡与当地技师学院展开深度合作,开设相关专业课程,内容涵盖理论知识和专业实践,为咖啡产业培养专业型人才,提升了社会大众对于企业的认可度。

四是开展咖啡文旅业务,形成融合发展模式。比顿咖啡利用自身的地理优势,开展咖啡文旅业务,不仅拓展了业务范围,还进一步延伸了品牌发展方向,实现了以咖啡种植为保障、以咖啡加工为支撑、以咖啡文旅为突破的融合发展模式。

出于传播咖啡文化的使命感和带领咖啡从业者致富的决心,李丽红在发展企业的同时,深耕咖啡历史文化,积极承担社会责任。她积极参与各类社会活动,获得了各种荣誉称号,充分展现了利他、奉献、付出的精神,实现了个人的成长与突破。不得不说，她是"英雄之旅"中最杰出的一位"英雄"。

对于李丽红女士在参加"英雄之旅"课程后取得的成果，我在感到惊讶之余，更多的是惊喜，虽然我知道九型人格理论有价值，但我从没想过其能够发挥如此重大的作用，不仅能够对个人产生影响，还能帮助企业家在商业上实现重大突破，取得巨大成果！我不禁感慨，学员们不仅成就了自己，也将我的愿景变成了现实。这件事极大地激励了我。

行文至此，谨以本书向参加"英雄之旅"课程的学员以及正在阅读本书的你表达我的谢意。感谢学员们的信任、智慧、勇敢与坚持，让原本显得有些天马行空的想法得以变成现实，并取得超出预期的成果。感谢正在阅读本书的你，愿你能够摆脱性格的束缚，成为人间清醒的自己。

希望九型人格理论能够激励更多人，成就每个人、每家企业、每颗渴望自由与富足的心。

POSTSCRIPT 跋

一切归于清醒

一口气读完李想老师的新作《做人间清醒的自己：九型人格与自我成长》后，我一时思绪万千。作为曾经一起并肩作战的"战友"，在阅读的过程中，我始终无法用一个置身事外的读者视角去看待书中的内容。在阅读过程中，我时常想起李想老师进入教育培训行业时的使命与情怀，她与我并肩做"合伙人"课程时的激情与理想，她提笔写作时的挣扎，她在过去的十七年中给予我的陪伴与启发……这些点点滴滴无时无刻不在感动着我、冲撞着我的思绪。

李想老师与我，有相识于微时的情谊，有并肩作战的经历，有肝胆相照的义气，有灵魂相通的默契。她人性深处的真实、坦诚以及那份赤子之心，给我留下了深刻的印象。或许是这份稀有的真实与坦诚，让她的文字不煽情、不造作，但直击人心。

跋　一切归于清醒

读完此书，你可能有机会了解自己、认识他人，找到通向自由与富足的道路。在过去的十七年中，在我成长的每个阶段，李想老师都能给予我很大的启发：得意时，让我看见自己的光芒；失意时，让我找到自己的出路。我开始有能力"看见"自己和别人的性格特征，"看懂"自己和别人的行为逻辑，从而有了发自内心的宽容、体谅与爱。李想老师在九型人格领域专注精进的情怀和日复一日的努力令人钦佩，她似乎有一种魔力，能让每个有缘接触到九型人格理论的人都不再感到孤单——原来在这个世界上还有一群人和我一样。

"让生命富足"一直是李想老师努力和奋斗的目标。在李想老师创作本书的过程中，我算是一个陪伴者。当李想老师灵感迸发时，她都是第一时间与我分享；当她踌躇不前时，我也是第一个有幸倾听到她内心想法的人。我深知她在提笔创作前的谨慎思考、创作时的热情投入，以及完稿后的欣喜与期待。

写下这一段文字时，我希望读者们能看到的不仅仅是一本书，还有一本书背后的创作者：一个聪慧通透的师者,一个有趣温暖的朋友,一个在研究九型人格理论与自我觉醒之路上的践行者与引路人。

十七年前,我曾问李想老师,为什么选择了九型人格理论?她说,九型人格理论是自愈之法,也是入世良方。而今,我又重提这个话题,询问她同样的问题。她回答道,九型人格理论不仅是入世良方,也是出世之法,更是通往自由之路。

人生如此,才算真正的清醒。

梁 慧

上海经邦集团合伙人

股权咨询专家